DIESES NOTIZBUCH GEHÖRT:

ROSIE

Noch mehr Bücher von Andrea Beaty und David Roberts

Ada Twist und das Rätsel um die verschwundenen Haustiere
Iggy Peck und das Geheimnis der alten Villa

Bauen und Tüfteln mit Iggy Peck
Experimentieren und Entdecken mit Ada Twist

DIE FORSCHERBANDE

Andrea Beaty und David Roberts

ROSIE REVERE

UND DIE ERFINDUNG DER ZEICHENMASCHINE

Übersetzung aus dem
amerikanischen Englisch
von Katrin Weingran

BAUM
HAUS

Die Bastei Lübbe AG verfolgt eine nachhaltige Buchproduktion. Wir verwenden Papiere aus nachhaltiger Forstwirtschaft und verzichten darauf, Bücher einzeln in Folie zu verpacken. Wir stellen unsere Bücher in Deutschland und Europa (EU) her und arbeiten mit den Druckereien kontinuierlich an einer positiven Ökobilanz.

FSC www.fsc.org
MIX
Papier | Fördert gute Waldnutzung
FSC® C014496

Titel der us-amerikanischen Originalausgabe:
„Rosie Revere and the Raucous Riveters“

Dieses Werk wurde vermittelt durch die Literarische Agentur
Thomas Schlück GmbH, 30161 Hannover.

Textredaktion: Greta Steenbock
Umschlaggestaltung: Guter Punkt
Umschlagmotiv: David Roberts
Satz: Helmut Schaffer, Hofheim a. Ts.
Gesetzt aus der ABeeZee
Druck und Verarbeitung: GGP Media GmbH

Printed in Germany
ISBN: 978-3-8339-0913-9

2 4 5 3 1

Für Anna und Alexandra,
ich liebe euch.
A. B.

Für Chad W. Beckerman.
D. R.

DRECK
DRUCK
SPRITZ
Schlauch
mögen Schlangen Ketchup
?
Schlange

KAPITEL 1

Rosie Revere setzte sich die Schutzbrille auf.

„Seid ihr bereit?“, fragte sie.

„Bereit!“, rief Ada Twist.

„Bereit!“, rief auch Iggy Peck.

Beide reckten von ihrem Beobachterposten hinter der Anrichte aus den Daumen hoch.

„Los geht's!“, verkündete Rosie begeistert.

Sie drückte auf den großen roten Knopf am Rückzählometer. Eine kratzige Computerstimme erschallte aus der Lautsprecherbox.

Countdown!

Fünf ...

Rosie duckte sich in ihre Sicherheitskabine.

Vier ...

Sie schlug ihr Notizbuch auf.

Drei ...

Sie zog den Bleistift hinter dem Ohr hervor.

Zwei ...

Plötzlich kam Gizmo in die Küche geflogen und landete auf der Apparatur.

„Weg da!“, brüllte Rosie.

Gizmo tschilpte wütend.

„Ich wollte deine Gefühle nicht verletzen! Es ist nur zu deinem Schutz!“, rief Rosie.

Eins ...

Die drei Kinder stürzten genau in dem Augenblick zu Gizmo, als ...

BUUM!

Der Apparat explodierte.

Klitsch! Klatsch! Spritz!

Klebrige rote Ketchupbatzen flogen durch die Luft.

Aber Gizmo schoss davon, ehe der Ketchupregen sie erreichte. Sie segelte höher und höher und raus aus der Gefahrenzone. Nachdem sie eine elegante Runde gedreht hatte, landete sie auf dem Kühlschrank.

„Wowie!“, sagte Ada staunend und wischte den Ketchup von ihrer Schutzbrille.

„Igitt!“, beschwerte sich dagegen Iggy, der sich vergeblich darum bemühte, den Ketchup von seinem Pullover zu streifen.

„Hm“, brummte Rosie nachdenklich. Sie klopfte mit dem Bleistift auf ihr Notizbuch.

Nachdem sie die Sauerei eine Weile gemustert hatte, machte sie sich rasch eine Notiz:

R

Schlangenproblem
???

KAPITEL 2

Ada und Iggy hatten Rosie den ganzen Vormittag über geholfen. Sie wollte etwas für ihren Onkel Fred erfinden, der Tierpfleger im Zoo war. Onkel Fred hatte ein großes Schlangenproblem ... und ein kleines Schlangenproblem ... und ein grünes Schlangenproblem ... und ein ...

Onkel Fred hatte ein Jegliche-Art-von-Schlangen-Problem. Alle Schlangenarten im Zoo liebten ihn.

Sie schlängelten sich aus ihren Terrarien und glitten in sein Büro. Sie verbargen sich in seinem Schreibtisch. Sie krochen in seine Jackentaschen. Sie versteckten sich sogar in seinem Pausenbrot! Einmal war eine glatte

grüne Schlange namens Vern in sein Sandwich geschlüpft. Onkel Fred hatte Vern für eine saure Gurke gehalten und fast in ihn hineingebissen!

Nach diesem Vorfall hatte Onkel Fred Rosie angerufen. Sie hatte einen Apparat erfunden, um die Schlangen zu verjagen. Sie hatte ihn Schlange-schleich-dich genannt. Er hatte leider versagt. Dennoch hatte sie nicht aufgegeben. Rosie hatte schon fünf Modelle entworfen. Sie waren alle ein Reinfall gewesen, aber Rosie war noch lange nicht bereit, das Handtuch zu werfen. Onkel Fred brauchte ihre Hilfe.

Rosie hatte gehofft, dass Modell Nummer 5 der Aufgabe gewachsen sein würde. Sie sah sich das Chaos an. Die Plastikschlange auf der Anrichte war unter einem Ketchupberg begraben. Sie sah aus wie eine gigantische gestreifte Pommes Frites mit Reißzähnen. Onkel Fred würde eine Erfindung, die Ketchup auf seinen Schreibtisch regnen ließ, nicht gefallen. Er war mehr der Senfliebhaber. Und außerdem würde der Ketchup vielleicht Ameisen anlocken. Und Pommes Frites.

Rosie notierte noch etwas zu ihren bisherigen Versuchen.

Model 1: Fantastischer Flop
Model 2: Sensationelle Sauerei
Model 3: Beispielloser Blindgänger
Model 4: Riesiger Reinfall
Model 5: Ketchupkatastrophe

Die drei Freunde machten die Sauerei weg. Dann aßen sie alle zusammen ein paar Erdnussbutter-Honig-Brote und sprachen darüber, warum der Versuch ein Reinfall gewesen war.

Nach dem Mittagessen gingen Ada und Iggy nach Hause. Rosie dagegen arbeitete weiter an ihrer Erfindung. Sie begutachtete die Apparatur. Der Schlauch war geplatzt, weil ein Knick darin für einen Ketchupstau gesorgt hatte. Der Druck war immer weiter gestiegen, bis schließlich ... Buum!

„Aha!“, murmelte Rosie.

Sie schrieb ein paar Ideen auf, wie sie das Problem lösen könnte. Schlange-schleich-dich Nummer 6 würde besser funktionieren. Davon war sie überzeugt. Na ja ... davon war sie fast überzeugt. Es gab nur einen Weg, es herauszufinden. Sie würde ein paar Änderungen an der Maschine vornehmen und einen neuen Versuch starten.

Rosie wollte gerade beginnen, als sie ein vertrautes surrendes, schnurrendes, knatterndes, klapperndes Geräusch hörte und aus dem Fenster sah. Es war ihre Urgroßtante Rose! Rosie steckte sich den Bleistift hinters Ohr, schob sich das Notizbuch in die Hosentasche und rannte nach draußen, wo Tante Rose gerade mit dem Käsekopter im Garten landete.

„Hey, hey!“, rief Tante Rose. „Wie geht es meiner Lieblingsingenieurin?“

Tante Rose sprang aus dem Hubschrauber, schnappte sich Rosie und wirbelte sie durch die Luft.

„Meine neuste Erfindung ist die reinste Katastrophe!“, sagte Rosie düster.

„Fantastisch!“, erwiderte Tante Rose begeistert. „Erzähl mir unterwegs alles darüber!“

„Fliegen wir irgendwohin?“, fragte Rosie.

„Darauf kannst du wetten“, sagte Tante Rose. „Und wir haben keine Zeit zu verlieren. Es handelt sich um einen Notfall!“

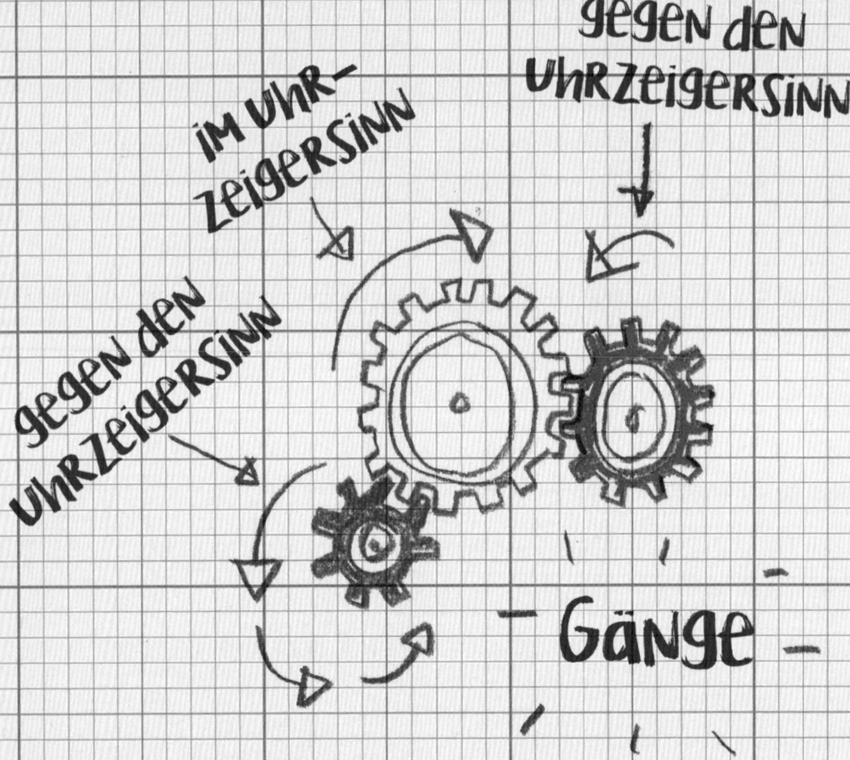

Gänge

Dinge mit Schaltung

1. Autos
2. Fahrräder
3. Uhren
4. Käsekopter!

KAPITEL 3

Rosie setzte ihren Helm auf, und Tante Rose schaltete den Motor an. Der Käsekopter zuckte und ruckte. Er rüttelte und schüttelte sich. Er schoss in die Luft ... und sie flogen auf und davon!

Sie sausten über den Garten der Nachbarin.

„Wow! Was für eine Pracht!“, rief Tante Rose.

Das stimmte. Frau Lus Garten war wirklich eine Pracht. Sie war eine Meistergärtnerin und ihr Garten der Beweis dafür.

Jedes Jahr pflanzte sie Blumen und Gräser so an, dass sie ein riesiges Bild ergaben. Dieses Jahr fügten sich ihre Pflanzen zu einer gigantischen Gans zusammen. Gänseblümchen, Astern und Ringelblumen schufen das Bild.

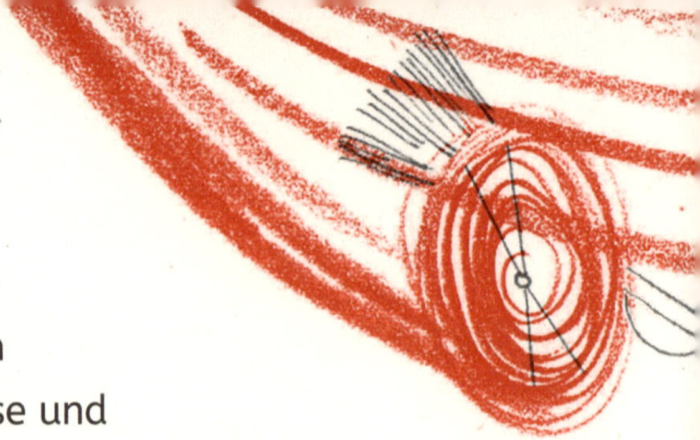

Hohe Stängel von Pampasgras schmückten es aus. Sie wiegten sich in der leichten Brise und erweckten die Gans zum Leben.

Rosie sah in dem Moment nach unten, als jemand in den Gartenschuppen lief, der einen langen Kittel, einen großen Hut, eine Brille mit dunklen Gläsern und Gummihandschuhe trug.

Es war Frau Lu.

Rosie wusste zwei Dinge über Frau Lu:

Sie war geheimnisvoll. Rosie hatte sie bisher nur in diesem Aufzug gesehen.

Sie konnte Rosie nicht leiden.

Es war nicht so, als hätte Frau Lu je etwas in die Richtung gesagt. Aber andererseits hatte sie überhaupt noch nie etwas zu Rosie gesagt. Sie waren Nachbarinnen, aber Frau Lu hatte Rosie bisher noch nicht einmal zugewunken. Einmal hatte Rosie Frau Lu am Fenster gesehen und ihr gewunken. Frau Lu hatte schnell die Vorhänge zugezogen.

Es gab noch eine Sache, die Rosie in ihrer Annahme bestätigte. Alle Nachbarn wussten, dass Rosie Ingenieurin war. Sie stellten ihr Recyclingschätze vors Haus. Frau Lu machte das nicht. Sie bewahrte ihre Recyclingabfälle in

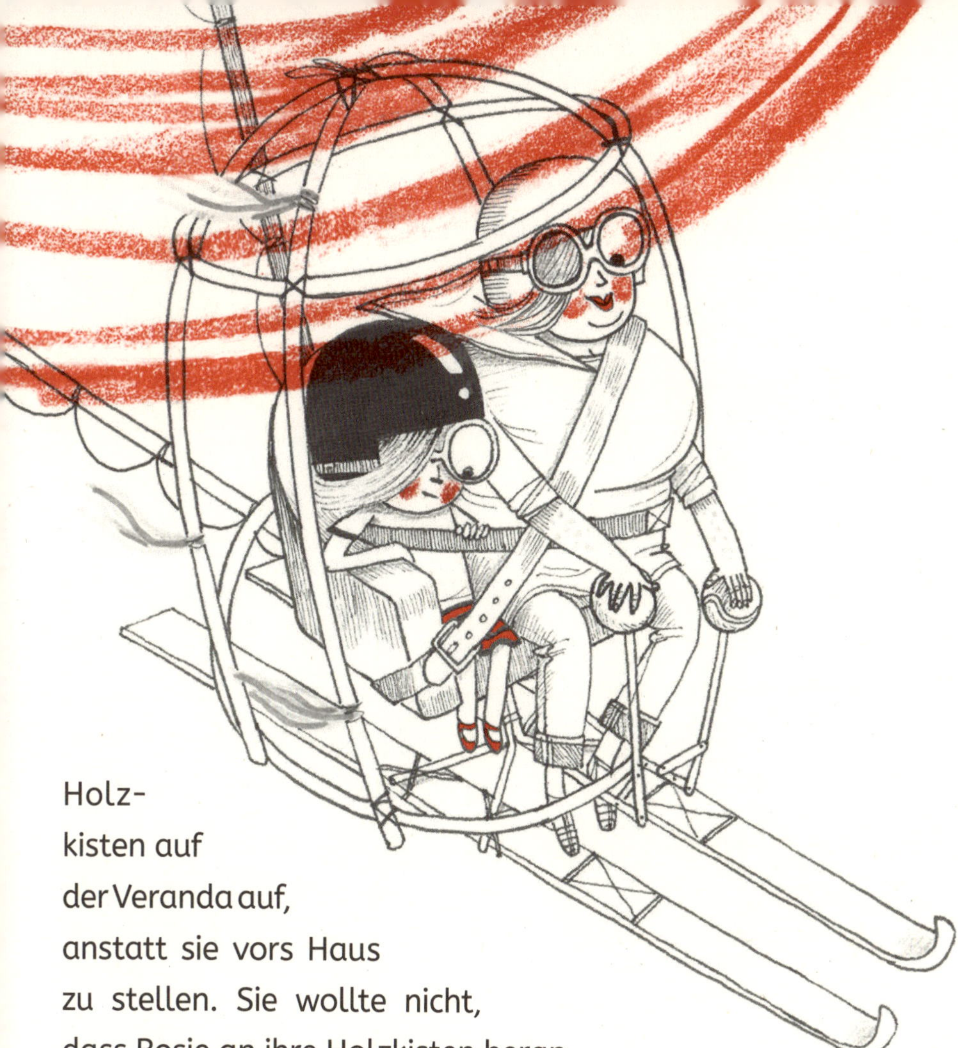

Holz-
kisten auf
der Veranda auf,
anstatt sie vors Haus
zu stellen. Sie wollte nicht,
dass Rosie an ihre Holzkisten heran-
kam. Zum Glück stellten die Männer vom
Wertstoffhof, Ben und Bernie, die Kisten heim-
lich auf Rosies Veranda, wenn sie in der
Schule war.

Rosie war froh, dass
sie das machten. Die
Kisten waren voller Ge-

triebe und Drähte, Werkzeuge und kaputter Motoren. Frau Lu mochte Rosie vielleicht nicht, aber sie hatte erstklassigen Recyclingmüll.

Tante Rose steuerte den Käsekopter höher und höher, und sie sausten davon.

„Wu-huu!“, brüllte Tante Rose. „Ich liebe extravagante Gärten!“

Rosie blickte genau in dem Moment zurück zu Frau Lus Gartenschuppen, als zwei Hände in Gummihandschuhen ruckartig die Vorhänge zuzogen.

Kopf
Schaft
Eine Niete

KAPITEL 4

Der Käsekopter flog über die Schule und die Iggy-Peck-Brücke hinweg bis zum Stadtrand. Tante Rose zeigte auf ein altes weißes Haus mit einer großen Veranda.

„Da fliegen wir hin!“, rief sie.

Sie landeten mit einem Rums und stiegen aus dem Käsekopter. Das Haus hätte einen neuen Anstrich vertragen können, und der Garten war verglichen mit dem von Frau Lu geradezu verwildert.

„Wir sind da!“, verkündete Tante Rose.

„Was ist das für ein Haus?“, fragte Rosie.

„Die viel wichtigere Frage lautet: Wer wohnt darin?“, erwiderte Tante Rose.

Genau in dem Moment flog die Fliegengittertür auf, und eine große Frau trat nach draußen auf die Veranda. Sie trug ein rotes Kopftuch mit weißen Punkten. Es sah genauso aus wie das, das Tante Rose Rosie geschenkt hatte.

„Wird auch Zeit, dass ihr kommt!", sagte die Frau. „Die Chefin ist schon ganz kribbelig."

„Als wäre das was Neues!", entgegnete Tante Rose.

Sie gingen ins Haus und betraten das Wohnzimmer. Die Einrichtung war etwas in die Jahre gekommen, aber gemütlich. Auf einem Harmonium standen ein paar gerahmte Schwarz-Weiß-Bilder, auf denen ein paar Frauen abgebildet waren, die an großen Flugzeugen arbeiteten. Rosie fiel ein vertrautes Gesicht ins Auge. Es war Tante Rose. Und sie war sehr jung.

„Das sind die Rosies von Bad Blaubach", erzählte Tante Rose. „Der schlauste, frechste und härteste Haufen Flugzeugmechanikerinnen, den es je gegeben hat."

„Und die besten Tänzerinnen!", sagte die große Frau.

„Und Musikerinnen!", brüllte eine Frauenstimme aus der Küche.

„Hört auf zu quasseln und schafft mir das Mädel her!", rief eine weitere Stimme.

Tante Rose schubste Rosie in Richtung Küche.

„Lass die Chefin nicht warten!", sagte sie.

Sie traten in eine große Küche, in der fünf ältere Frauen mit Kaffeebechern vor sich um einen abgenutzten Holztisch herum saßen.

Als Rosie den Raum betrat, jubelten sie alle: „Rosie!"

Plötzlich wäre Rosie am liebsten im Boden versunken, so unangenehm war ihr das Ganze. Ihre Wangen wurden heiß, und sie versteckte sich hinter Tante Rose. Rosie stand nicht gern im Mittelpunkt.

„Schon okay, Liebes", sagte Tante Rose. „Sie beißen nicht. Abgesehen von Lettie. Aber sie probiert nur ihre neuen dritten Zähne aus!"

Tante Rose schlug sich auf den Oberschenkel und lachte lauthals. „Oh, der war gut!"

Tante Rose lachte, bis sie nach Luft schnappen musste und ihre Augen sich mit Tränen füllten. Rosies Anspannung ließ nach, und sie lächelte.

Der Witz war nicht besonders lustig gewesen, aber Tante Roses Lachen war ansteckend. Schon bald lachten die anderen Frauen mit. Wie Tante Rose waren sie alle laut und sprühten vor Lebensfreude. Sie waren ein paar raue Gesellinnen. Und Rosie Revere mochte sie auf Anhieb.

Die Frau im Rollstuhl räusperte sich, und die anderen wurden schlagartig still. Alle Blicke richteten sich auf Rosie, die ein komisches Gefühl beschlich.

„Nun?“, fragte die Frau. „Was wirst du tun?“

Rosie warf einen nervösen Blick in die Runde.

„Weswegen?“, fragte sie.

„Was wirst du wegen des Notfalls unternehmen?“, fragte die Frau. „Schließlich bist du deswegen hier.“

Was heute zu tun ist:

Mit Ada und Iggy

zum Sch~~atzg~~räber

Schatzgräberladen gehen

KAPITEL 5

Gib ihr ein bisschen Zeit“, sagte die große Frau und zwinkerte Rosie verschmitzt zu. „Sie hat schließlich noch keinen Schimmer, wer wir sind!“

Sie schüttelte Rosies Hand.

„Ich bin Lettie McCallister“, sagte sie. „Und das hier sind meine Schwestern, Heddie und Betty. Wir sind Musikerinnen.“ Zwei rot gekleidete Frauen winkten Rosie zu.

Die Frau, die neben Betty saß, lächelte. „Rosie und ich sind ganz alte Freundinnen“, erzählte Bernice den anderen.

Bernice war Adas Großtante. Ihr gehörte der Archäologieladen am Marktplatz. Er hieß *Schatzgräberladen* und steckte voller antiker Dinge aus aller Welt.

„Rosie und ihre Freunde kommen ständig bei mir vorbei. Diese Kinder haben so viele Einfälle und Fragen, dass ich ihnen einen Spitznamen verpasst habe. Ich nenne sie die Forscherbande!"

„Oh, der Name gefällt mir!", sagte Tante Rose.

Die anderen Frauen nickten.

Rosie gefiel der Name auch. Ein Besuch im Schatzgräberladen war jedes Mal ein Abenteuer, und Bernice steckte selbst voller Einfälle und Fragen. Sie war einer von Rosies Lieblingsmenschen.

„Ich habe einen neuen Schatz im Laden", verriet Bernice. „Kommt vorbei, um ihn euch anzusehen!"

„Das machen wir!", versprach Rosie.

„Wir haben noch eine Sängerin in unserer Runde", sagte Betty McCallister. „Das hier ist Marian, und sie singt Opernarien. Warte nur, bis du sie singen gehört hast!"

„Freut mich, dich kennenzulernen", sagte Marian förmlich.

Sie war elegant, mit silbernem Haar, einer Perlenkette und einem Funkeln in den Augen. Sie schenkte Rosie ein Lächeln.

Rosie lächelte zurück.

„Und zu guter Letzt", sagte die Frau in dem Rollstuhl, „will ich mich vorstellen. Ich bin Eleanor. Aber du kannst mich Chefin nennen. Das tun alle."

„Weil du so gerne den Ton angibst!“, scherzte Lettie.

„Ich bin nur sehr direkt und mache gern Nägel mit Köpfen“, sagte die Chefin. „Wenn ich dafür den Ton angeben muss, dann ist das eben so!“

Die Rosies jubelten ihr zu.

Die Chefin lächelte.

„Wir sind die Rosies von Bad Blaubach“, sagte sie. „Während des Zweiten Weltkrieges haben wir alle zusammen in der B-29-Fabrik gearbeitet. Wir haben mehr Flugzeuge gebaut, als du dir vorstellen kannst. Wir haben unseren Beitrag geleistet, als die Not am größten war. Wir haben damals einen Unterschied gemacht, und wir machen ihn heute immer noch!“

„Sie sind die Frauen auf dem Foto!“, rief Rosie. „Aber wo sind die anderen?“

„Das alles ist lange Zeit her, Schätzchen“, sagte Marian. „Seitdem haben wir viele Freundinnen verloren.“

Sie verstummte.

„So viele“, sagte Lettie.

Die Rosies hoben mit einer Hand ihre Kaffeebecher und schlugen mit der anderen auf den Tisch.

„Auf die Freundschaft!“, riefen sie.

Bad Blaubach

Kunst in Hülle und Fülle!

KAPITEL 6

Nach kurzem Schweigen schlug die Chefin erneut auf den Tisch. „Die McCallister-Schwestern teilen ihr Zuhause schon lange mit uns“, sagte sie.

„Es ist auch euer Zuhause!“, erwiderte Betty. „Wir kennen uns alle schon ewig, wir sind eine Familie!“

Rosie gefiel das. Sie wohnte mit all ihren Tanten und Onkeln zusammen und wusste, dass Familien ganz unterschiedlich aussehen konnten.

„Wir sind im Notfall immer füreinander da“, sagte Lettie.

„Und manchmal kommen wir einfach zusammen und tanzen“, ergänzte Tante Rose.

„Stimmt genau!“, rief Heddie.

Sie klopfte einen Rhythmus an ihren Kaffeebecher. Lettie und Betty fielen mit einem schwungvollen Lied über den Boogie-Woogie mit ein. Die Rosies wiegten sich im Takt und klatschten dazu.

Zack!

Die Chefin hatte erneut auf den Tisch gehauen, und es wurde augenblicklich still.

„Rosies! Habt ihr den Notfall vergessen?“, fragte die Chefin. „Wir müssen June helfen!“

„Entschuldige, Chefin“, sagte Heddie, ohne so auszusehen, als täte es ihr besonders leid. „Ich habe mich mitreißen lassen.“

„Dann reiß dich jetzt mal zusammen!“, mahnte die Chefin. „Du kannst damit anfangen, indem du Rosie erzählst, was Sache ist.“

Heddie und die anderen berichteten Rosie von June, der Künstlerin der Truppe. Während des Krieges hatte June die Bilder auf die Nasen der Flugzeuge gemalt. Seitdem nahm sie jedes Jahr am Wettbewerb *Kunst in Hülle und Fülle* teil, der im Rahmen des Bad-Blaubach-Festivals stattfand. Für sie war es das bedeutendste Ereignis des Jahres.

Vor ein paar Monaten hatte June einen Unfall mit ihrem Motorroller gehabt und sich beide Handgelenke gebrochen. Ihre Handgelenke waren so schwach, dass sie immer noch eingegipst waren.

„Wie kann sie mit einem Gips malen?“, fragte Rosie.

Die Chefin warf Rosie einen bohrenden Blick zu.

„Das herauszufinden“, sagte sie, „ist deine Aufgabe.“

Tante Rose reichte Rosie einen Handzettel.

KUNST

IN HÜLLE UND FÜLLE

AM SAMSTAG UM 9:30 UHR WIRD IN DER STADTBÜCHEREI DAS THEMA DES DIESJÄHRIGEN WETTBEWERBS VERKÜNDET.

UM 14:00 UHR BEGINNT DIE BEWERTUNG.

KÜNSTLER:INNEN MÜSSEN DAS WERK ALLEIN GESTALTEN.

UNTERSTÜTZUNG BEIM AUFBAU, ABBAU UND ANFEUERN IST GESTATTET!

ELEKTRONIK IST VERBOTEN!

„June ist völlig am Boden“, sagte Tante Rose. „Daher werden wir sie überraschen. Es ist alles streng geheim! Wir werden uns dabei abwechseln, June zu beschäftigen. Dann werden wir sie zum Wettbewerb bringen, ohne dass sie Verdacht schöpft.“

„Wir alle werden unseren Teil zum Gelingen des Ganzen beitragen“, sagte die Chefin.

Ihr Lächeln verblasste, und sie sah Rosie prüfend an.

„Was ist mit dir, Rosie?“, fragte sie. „Wirst auch du deinen Teil beitragen?“

Wie kann man einen Pinsel noch halten?

FUß?

Zähne?

KAPITEL 7

Rosie nickte.

Sie las sich den Handzettel noch einmal durch.

„Die Künstlerinnen müssen die Bilder ganz allein malen“, sagte sie. „Wenn ich June beim Malen nicht helfen darf, was kann ich dann tun?“

„Du bist Ingenieurin!“, sagte Lettie. „Erfinde etwas für sie!“

„Junes Kunst kommt direkt aus ihrem Herzen“, fügte Marian hinzu. „Sie braucht bloß ein Werkzeug, das ihr mit den Händen hilft.“

„Aber der Wettbewerb ist schon in zwei Tagen!“, rief Rosie.

„Dann lass dir besser schnell etwas einfallen!“, entgegnete die Chefin.

Doch ihre Worte waren überflüssig. Rosie war bereits tief in Gedanken versunken. Sie hatte so viele Fragen: Wie baute man eine Zeichenmaschine? Wie bestückte man sie mit Farbe? Mit welcher Art von Farbe? Und mit wie vielen Farbtönen? Wie würde June die Pinsel steuern, ohne ihre Hände zu Hilfe zu nehmen? Wie …

Rosie schlug ihr Notizbuch auf. Sie schrieb wie wild, um alle Ideen festzuhalten, die in ihrem Kopf explodierten. Das Geplauder der Rosies wurde zum Hintergrundrauschen, und Rosie tauchte tief in die von ihr geliebte Welt aus Konstruktion und Technik ein.

Rosie liebte die Ingenieurskunst. Sich mit ihr zu beschäftigen machte sie glücklicher als alles andere. Und am liebsten mochte sie daran die ersten Überlegungen.

Plötzlich bemerkte sie, wie ruhig es geworden war. Sie hielt mit Schreiben inne und blickte auf. Sieben lächelnde Rosies sahen sie an.

Sie hoben ihre Kaffeebecher zu einem stillen Hoch auf Rosie.

„Ich habe euch ja gesagt, dass sie der Sache gewachsen sein würde“, sagte Tante Rose zufrieden.

„In der Tat“, brummte die Chefin. „Das ist sie in der Tat.“

Rosie spürte, wie ihre Wangen heiß wurden, aber dieses Mal versteckte sie sich nicht hinter Tante Rose.

Rosie Revere blickte in die lächelnden Gesichter der Rosies und lächelte zurück.

KatZapult
SPRUNG
Pinsel

KAPITEL 8

Zwei Tage!

Rosie blieben weniger als zwei Tage, um ein Gerät zu erfinden, das June helfen würde. Die Aufgabe war so gewaltig, dass sie fast ihre Vorstellungskraft überstieg. Aber das hielt Rosie nicht davon ab, es zu versuchen.

Als sie nach Hause kam, ging sie sofort auf den Dachboden. Sie fühlte einen Sturm heraufziehen. Einen Gedankensturm!

Rosie liebte es, Gedanken zu sammeln. Alles war erlaubt. Auch die verrücktesten, absurdesten Ideen. Manchmal brachten gerade die verrücktesten Ideen sie dazu, die Dinge von einer neuen Seite zu betrachten, oder sie lösten winzige Anteile eines größeren Problems. Rosie hielt alle ihre Einfälle in ihrem Notizbuch fest.

Wie wäre es, wenn sie eine katzenbetriebene Malpumpe konstruierte?

Sie würde einen Haufen Katzen brauchen. Und Milch. Bestimmt würde das Ganze ein einziger Reinfall. Schließlich liefen Katzen ständig weg oder sie saßen faul in der Gegend herum. Wie sollte sie einen Faulpelz von Katze dazu bewegen, eine Malmaschine anzutreiben?

Rosie skizzierte die Idee dennoch in ihrem Notizbuch.

Und wenn sie einen Farbkleckser erfand, der mithilfe eines kleinen Katapults Farbballons auf die Leinwand schleuderte?

Was wäre, wenn sie die zwei Ideen kombinierte und ein Katzapult baute? Würden die Katzen es mögen? Wie würde es aussehen? Rosie zeichnete einen Entwurf.

Rosie hatte viele Fragen. Was sie nicht hatte, war Zeit. Wenn sie zu lange Ideen sammelte, würde ihr nicht genug Zeit bleiben, ein paar Modelle zu bauen und auszuprobieren. Das mit dem Austesten war verzwickt.

Sie erinnerte sich an die Ketchupexplosion und die große Schweinerei, die dadurch ...

Moment mal!, dachte Rosie.

PRIDE

Eine neue Frage schoss ihr durch den Kopf. Konnte das Schlange-schleich-dich helfen? Was, wenn es Farbe pumpte anstatt Ketchup?

Rosie beschloss, dass das ein guter Ausgangspunkt war. Das Schlange-schleich-dich nutzte eine kleine Gartenteichpumpe. Sie war batteriebetrieben und eigentlich zu klein, aber Rosie konnte sie nutzen, um einen Pinselmechanismus zu erfinden. Danach würde sie sich überlegen, wie sie die Farbe ohne den Strom einer Batterie in den Pinsel pumpen konnte. Sie würde das Problem Schritt für Schritt lösen.

Rosie lächelte.

Es war Zeit für den nächsten Schritt im Verfahren: den Entwurf.

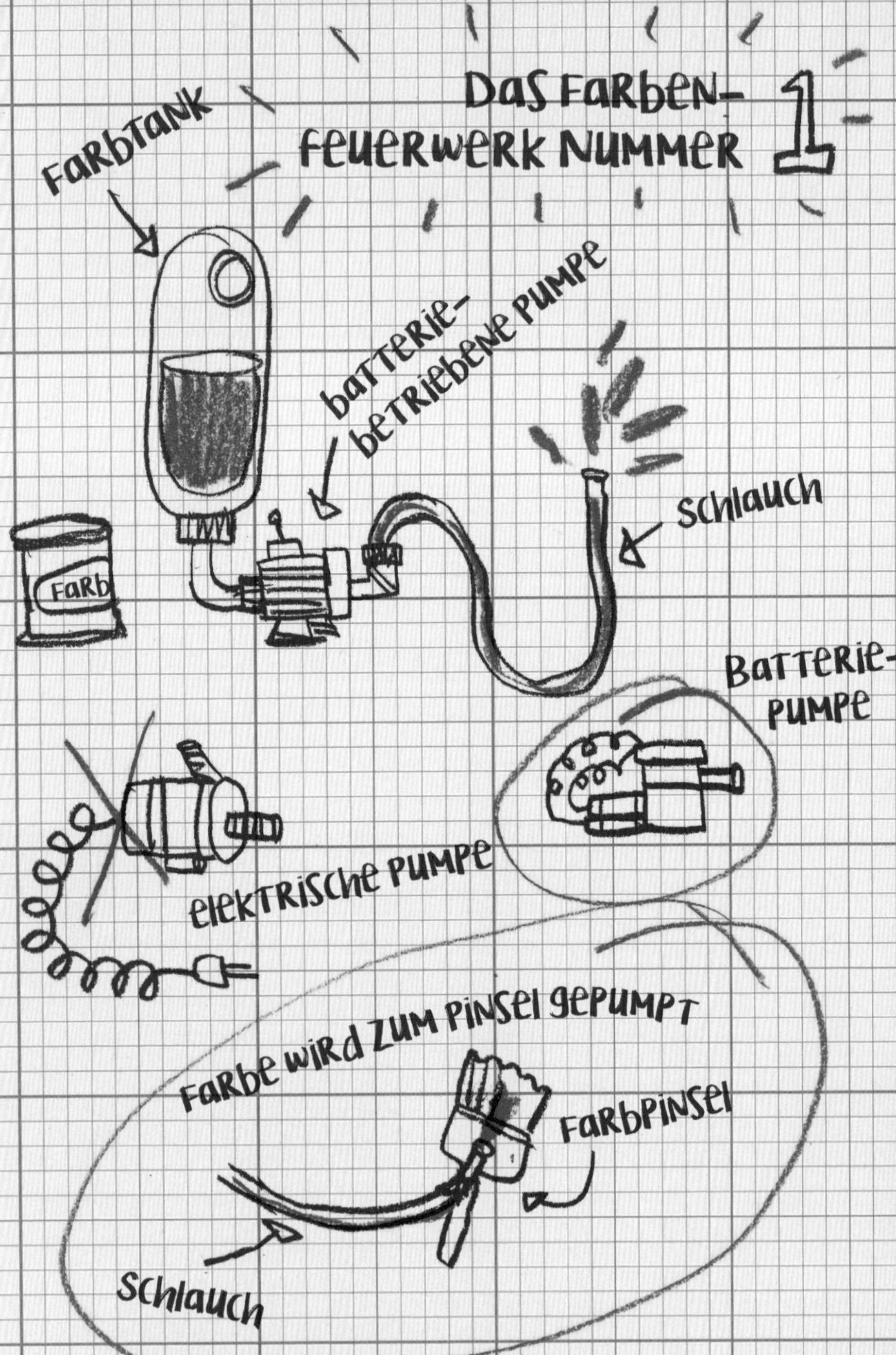

Das Farben-
feuerwerk Nummer 1
Farbtank
batterie-
betriebene Pumpe
Schlauch
Farb
Batterie-
Pumpe
elektrische Pumpe
Farbe wird zum Pinsel gepumpt
Farbpinsel
Schlauch

KAPITEL 9

Sich etwas einfallen zu lassen gefiel Rosie an der Ingenieurstechnik am besten. Oder doch das Entwerfen? Oder die Recherche? Oder der Bau des Prototyps? Oder waren es die Versuche?

Um ehrlich zu sein, hätte Rosie gar nicht sagen können, was ihr am besten daran gefiel, Ingenieurin zu sein. Das war, als hätte man nur einen Lieblingskäse. Wie sollte man es schaffen, sich für einen zu entscheiden? Und warum sollte man das überhaupt wollen?

Rosie band sich ihr Kopftuch um. Sie kippte einen Haufen Erfinder-Schätze neben das Schlange-schleich-dich-Modell Nummer 5 auf den Tisch und machte sich an die Arbeit.

Nach drei Stunden hatte sie das erste Modell ihrer neuen Erfindung fertig: das Farbenfeuerwerk Nummer 1.

Es war ausgefallen. Es war erstaunlich.

Aber, dachte Rosie, es könnte tatsächlich funktionieren.

Sie baute ihre Staffelei im Garten auf und stellte das Farbenfeuerwerk daneben auf den Rasen. Dann schnappte sie sich ihre Schutzbrille und rief Gizmo, die ihr von einem Ast aus zusah, zu: „Bleib da oben!“

Gizmo drehte eine kleine Runde, landete wieder auf dem Ast und zwitscherte ihr zu.

„Ich auch!“, rief Rosie.

Rosie setzte die Schutzbrille auf und füllte den Tank mit roter Farbe. Dann legte sie den Schalter mit dem dicken Zeh um. Die rote Farbe schoss durch den durchsichtigen Schlauch und ergoss sich auf den Pinsel. Es funktionierte!

Rosie trat an die Staffelei, streckte die Hand aus und ...

Flatsch!

PFSSSSSSSSSSSSSSSSSSSSSSSSSSSTTTTT!

Der Schlauch riss ab! Er fegte durch die Luft wie eine wütende Kobra und spuckte rote Farbe. Hin und her. Hoch und runter. Und ringsumher.

Rosie griff nach dem Schlauch, bekam ihn aber nicht zu fassen. Farbe sprühte auf ihr Kleid, auf ihr Gesicht und auf ihre Schutzbrille. Sie sah nicht mehr, wo sie hinging!

Rosie machte einen Schritt und ...

Knack!

Ihr Tritt zerbrach ein Bein der Staffelei.

„Huch!“

Rosie stolperte, drehte sich in der Luft und landete mit einem Knall auf dem Rücken. Die Staffelei wankte und schwankte und fiel schließlich auf sie drauf. Rums!

Rosie lag unter der Staffelei im Gras und seufzte.

Sie wusste, dass Fehlschläge dazugehörten, wenn man etwas Neues erfand. Aber deswegen musste es ihr noch lange nicht gefallen. Die Rosies von Bad Blaubach zählten auf sie, und sie durfte sie nicht hängen lassen.

Rosie schüttelte den Kopf.

„Schluss damit, denk lieber nach!“, ermahnte sie sich selbst.

Sie überlegte, was bei dem Versuch schiefgegangen war: Der abgerissene Schlauch war leicht zu reparieren. Rosie ging es gleich ein bisschen besser. Sie stellte sich eine weitere Frage: Was war bei dem Versuch gut gelaufen? Die Pumpe hatte es geschafft, Farbe durch den Schlauch zu pumpen. Das war eine Riesensache. Rosie war auf dem richtigen Weg.

Sie lächelte, während Sonnenstrahlen auf ihre Schutzbrille trafen und sie wie Buntglasfenster leuchten ließen.

Wenigstens hat mich keiner gesehen, dachte Rosie. Das ist gut ...

Genau, als sie das dachte, hörte sie Schritte.

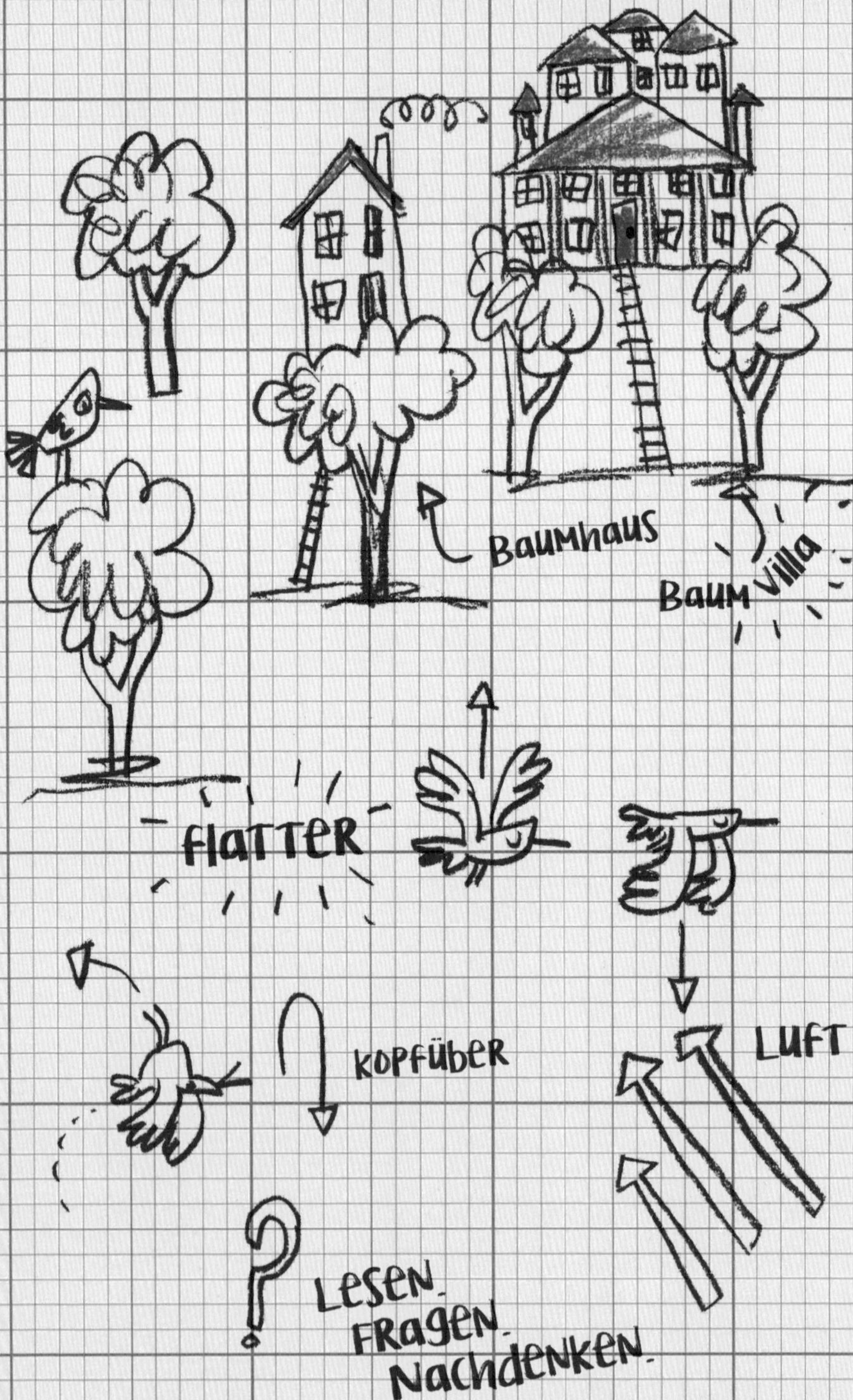

Baumhaus
Baum Villa
Flatter
Luft
kopfüber
Lesen.
Fragen.
Nachdenken.

KAPITEL 10

„Rosie!“, rief Ada aus.

Rosie atmete auf. Es waren Ada und Iggy.

„Was machst du da?“, fragte Iggy.

„Ich denke nach“, erwiderte Rosie.

„Wir helfen dir!“, verkündete Ada.

Ada und Iggy räumten die Staffelei beiseite und ließen sich neben Rosie ins Gras fallen. Sie schauten nach oben in die Blätter des Baumes und lächelten. Genau wie Rosie dachten sie gern über Dinge nach. Sie steckten voller Fragen. Bernice hatte recht. Sie waren wirklich eine Forscherbande.

„Dieser Baum da braucht dringend ein Baumhaus“,

sagte Iggy, und dann dachte er darüber nach, wie sich das bewerkstelligen ließe.

„Warum leben Vögel in Bäumen?“, fragte Ada. „Warum können Vögel fliegen? Können sie kopfüber fliegen?“

Ada machte sich Gedanken über Bäume und Vögel und das Fliegen und über viele andere Sachen.

Es ist schön, Freunde zu haben, dachte Rosie.

Sie war froh, dass ihre Freunde vorbeigekommen waren. Sie verstanden sie. Sie verstanden auch, wie es war, in ein Projekt vertieft zu sein. Ada Twist war Wissenschaftlerin und Iggy Peck Architekt. Sie halfen sich immer alle gegenseitig.

Die drei Freunde lagen lange Zeit nebeneinander unter dem Baum. Rosie erzählte den anderen von den Rosies und dem Malwettbewerb. Sie hatten ein paar gute Einfälle. Es half Rosie, zusammen mit Ada und Iggy Ideen zu sammeln.

Rosie hörte ein Rascheln im Gebüsch. Sie drehte sich um und warf einen Blick in Frau Lus Garten, aber dort war niemand.

„Zeit, ans Reißbrett zurückzukehren“, sagte Rosie.

Ada warf einen Blick auf die kaputte Staffelei.

„Zeit, eine neue Staffelei zu besorgen“, meinte sie.

„Aus der kaputten könnte man prima ein Chalet für Adas Katze machen“, schlug Iggy vor.

Iggy hatte recht. Adas Katze würde eine Schweizer Hütte mit einem tief hinunterreichenden Satteldach, die man Chalet nannte, gut gefallen. Während Iggy und Ada die Staffelei wegtrugen, flog Gizmo vom Baum herunter und landete auf Rosies Schulter.

„Bereit für das Farbenfeuerwerk Nummer 2?", fragte Rosie.

Gizmo tschilpte.

„Jap. Wir werden jede Menge Farbe brauchen", sagte Rosie. „Und einen größeren Eimer. Und mehr Plastikschlauch."

Gizmo tschilpte wieder.

„Du hast recht!", rief Rosie. „Wir brauchen mehr Klebeband! Wir brauchen jede Menge Klebeband!"

Wir brauchen für das Farben-feuerwerk:

Einmalhandschuhe

Einen **GROßEN** Eimer

Klebeband

Plastikschlauch

KAPITEL 11

Bis es Zeit war, ins Bett zu gehen, hatte Rosie ein Grundmodell für das Farbenfeuerwerk Nummer 2 entworfen. Aber es gab noch so viel zu tun. Sie brauchte große Handschuhe und eine kräftigere Pumpe, die June ohne Strom benutzen konnte. Aber Rosie war zu müde, um weiterzuarbeiten.

Sie ging ins Bett, konnte jedoch nicht schlafen. Sie machte sich zu viele Sorgen. Was war, wenn sie nicht rechtzeitig fertig wurde? Was war, wenn ihr Gerät die Zuschauer mit Farbe bespritzte? Was war, wenn jemand alles umschmiss? Was war, wenn …

„Schluss damit, denk lieber nach!“, sagte Rosie in den Raum hinein.

Rosie besaß sehr viel Fantasie. Deswegen war sie auch so eine tolle Ingenieurin. Aber manchmal übernahmen ihre Was-ist-wenns zu sehr die Führung. Wenn das geschah, musste Rosie sich ermahnen, mit Grübeln aufzuhören und das Problem stattdessen noch einmal aus einem ganz neuen Blickwinkel zu betrachten. Diesen Trick hatte Tante Rose ihr beigebracht. Er half ihr dabei, sich auf das Wesentliche zu konzentrieren. Und es ging ihr jedes Mal wieder besser, wenn sie ihn angewandt hatte.

Rosie entspannte sich und atmete tief durch. Das war noch ein Trick, den sie kannte, um ruhiger zu werden. Mondlicht fiel in ihr Zimmer und hüllte ihr Bett in ein Dämmerleuchten. Endlich wurden ihre Augenlider schwer, und Rosie glitt in den ... Klipp! Schnipp! Schnapp!

Rosie sprang aus dem Bett und blickte aus dem Fenster. Die Geräusche verstummten. Sie strengte sich an, um etwas in der Dunkelheit zu erkennen. War da eine schemenhafte Gestalt in Frau Lus Garten? Rosie rieb sich die Augen und schaute noch einmal hin. Sie sah nur Schatten.

Das Pampasgras leuchtete schwach im Mondlicht und wiegte sich in der kühlen Nachtbrise. Plötzlich überlief Rosie ein Schauer. Sie sprang zurück in ihr Bett und zog sich die Decke bis unters Kinn.

Rosie schüttelte das Bild der schemenhaften Gestalt ab und dachte an Eimer und Pumpen und Farbe. Langsam wurden ihre Augenlider immer schwerer. Endlich fielen Rosie Revere die Augen zu, und sie schlief tief und fest ein.

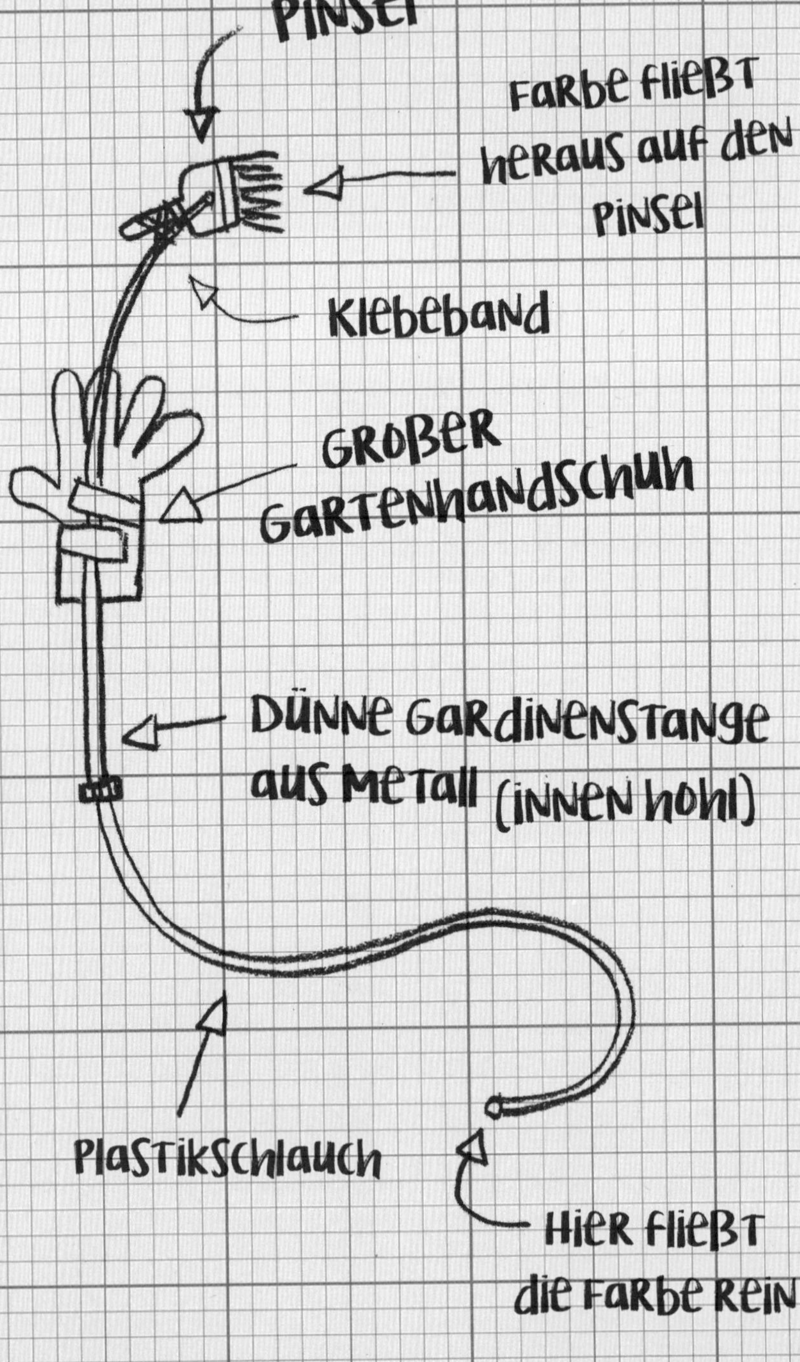
Pinsel
Farbe fließt heraus auf den Pinsel
Klebeband
Großer Gartenhandschuh
Dünne Gardinenstange aus Metall (innen hohl)
Plastikschlauch
Hier fließt die Farbe rein

KAPITEL 12

Rosie wachte früh auf und sprang aus dem Bett. Das Bad-Blaubach-Festival fand am nächsten Tag statt, und sie musste immer noch die Pumpe verbessern! Rosie ging nach draußen. Iggy und Ada waren schon im Garten, wo sie kleine Gläser mit Farbe und Wasser füllten. Sie machten ein Experiment, um herauszufinden, welche Mischung die perfekte war.

„Wenn sie zu dickflüssig ist, läuft sie nicht gut durch den Schlauch“, sagte Ada. „Und wenn sie zu dünnflüssig ist, tropft sie von der Leinwand.“

Rosie lief zum Gartenpavillon, um einen kleinen Tisch für das Farbenfeuerwerk zu holen. Auf dem Tisch stand ein großer blauer Eimer. Er war mit Plastikschläuchen und wasserfestem Klebeband gefüllt.

„Danke, dass ihr das Zeug besorgt habt!“, rief Rosie ihren Freunden zu.

Sie waren zu beschäftigt, um es mitzubekommen.

Während Rosie an der Pumpe arbeitete, experimentierten Ada und Iggy weiter, und Gizmo tschilpte vom Baum zu ihnen herunter.

Rosie befestigte die dünnen Gardinenstangen aus Metall, die sie im Gebrauchtwarenladen entdeckt hatte, an einem großen Paar Gartenhandschuhe. Dann klebte sie die Pinsel daran. Sie waren lang genug, um alle Ecken der Leinwand zu erreichen. Als Nächstes benutzte sie Fäden und Sprungfedern und andere Dinge, um einen Farbwechsler zu basteln, damit June beim Malen zwischen verschiedenen Farben hin- und herwechseln konnte.

Auch Ada und Iggy machten gute Fortschritte. Nach zwei Stunden hatte das Team das perfekte Farbrezept und ein funktionierendes Paar Pinselhandschuhe vorzuweisen. Sie hatten alles, außer einer Pumpe.

Rosie machte sich große Sorgen deswegen. Falls es ihr nicht gelang, eine Pumpe zu bauen, würde das Farbenfeuerwerk ein Reinfall werden. Aber noch viel schlimmer war, dass Junes Überraschung dann ruiniert sein würde.

Statt *Kunst in Hülle und Fülle* würde es enttäuschte Rosies in Hülle und Fülle geben!

Das durften Rosie, Ada und Iggy nicht zulassen.

Sie arbeiteten bis zur Erschöpfung. Sie versuchten dies und das und noch einiges mehr. Die Stunden vergingen wie im Flug, und Rosies Geduld wurde auf eine harte Probe gestellt.

„Lasst uns eine Pause machen“, schlug Ada vor. „Etwas Abstand zu gewinnen hilft mir immer, auf neue Gedanken zu kommen.“

„Wir brauchen mehr Farbe“, sagte Iggy. „Lasst uns welche kaufen gehen.“

„Geh du mit Ada“, sagte Rosie. „Ich werde hier weiterarbeiten.“

Ada und Iggy schnappten sich Rosies Bollerwagen und machten sich auf den Weg zum *Talentspross,* dem Laden für Kunstbedarf.

Rosie sah sich im Garten um. Hier herrschte heilloses Chaos. Überall auf dem Rasen waren Farbpfützen verteilt. Rosie wandte sich um und trat mitten in einen großen Eimer mit blauer Farbe.

Schlurp!

Blaue Farbe überzog ihren roten Schuh. Tief in Rosies Innerem begann die Wut zu brodeln. Am liebsten hätte sie den Eimer und das Farbenfeuerwerk in den Müll geworfen.

„Aaaah!“, brüllte Rosie stattdessen. Sie schüttelte den Fuß wild hin und her, um die Farbe abzubekommen.

Wusch!

Rosies Schuh schoss davon! Er sauste durch die Luft und krachte direkt neben Gizmo in den Baum.

Gizmo schimpfte wütend, flatterte entrüstet von ihrem Ast auf und flog davon.

„Es tut mir leid, Gizmo!“, rief Rosie.

Rosie jagte dem Vogel hinterher und hinterließ dabei überall, wo sie hintrat, eine Spur blauer Fußabdrücke. Aber Gizmo war zu schnell für sie. Nach einem halben Block gab Rosie auf.

Sie war stinksauer und völlig erledigt. Noch dazu konnte sie keinen klaren Gedanken mehr fassen. Dabei musste sie doch genau das tun!

„Schluss damit, denk lieber nach!“, ermahnte Rosie sich.

Rosie sank neben einem Baum ins Gras. Sie atmete tief durch und bemühte sich, ruhiger zu werden. Es half. Ein wenig.

Ada hat recht gehabt, dachte Rosie. Ich brauche eine Pause.

Sie stand auf und ging langsam den Bürgersteig entlang zurück nach Hause. Während sie so vor sich hin lief, verrauchte ihre Wut im selben Maße, wie ihre blauen Fußabdrücke auf den Gehwegplatten blasser wurden. Mit jedem Schritt wurden die Abdrücke heller und ihre Laune besser.

Sie hoffte, Gizmo würde zu Hause auf sie warten. Und genau da fand Rosie die Vogeldame auch. Aber sie war nicht allein.

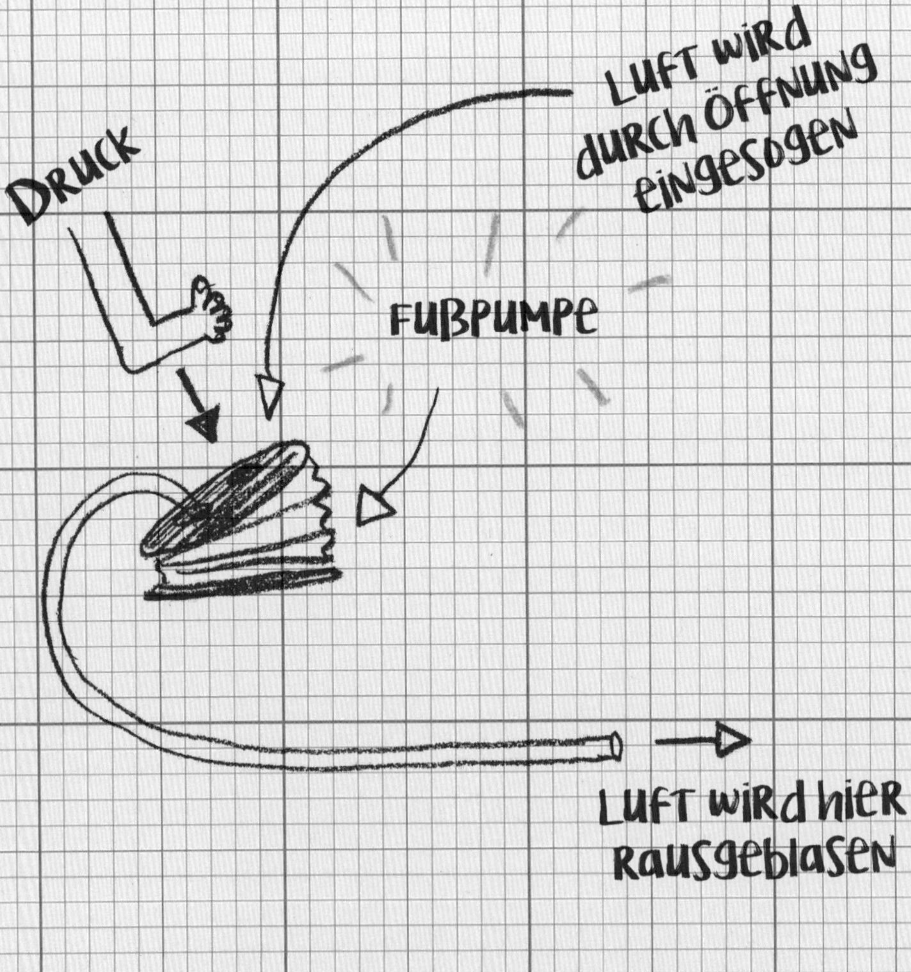
Luft wird
durch Öffnung
eingesogen
Druck
Fußpumpe
Luft wird hier
rausgeblasen

KAPITEL 13

Als Rosie um die Ecke kam, hörte sie plötzlich ein merkwürdiges Dröhnen. Dann rief jemand: „Eins! Zwei! Eins, zwei, drei, vier!“

Und dann ertönte Musik. Es waren die McCallister-Schwestern, die auf der Ladefläche eines alten Armeetrucks direkt vor Rosies Haus standen! Für das Dröhnen war Heddie mit ihrem Dudelsack verantwortlich. Betty spielte das Harmonium und Lettie das Akkordeon.

Die Rosies von Bad Blaubach tanzten vor dem Truck auf der Straße. Sie drehten sich und wirbelten im Kreis und hüpften im Takt der Swingmusik. Rosies Familie und Nachbarn strömten aus den Häusern, um bei dem Spaß mitzumachen.

Die Rosies sangen im Chor:

„Wir können nieten, schweißen, hämmern.
Arbeiten gut und Hand in Hand.
Bauen Schiffe, Flugzeuge, Trucks
für das Land an unsrem Fließband.
Wir schaffen das! Wir schaffen das!
Wir sind alle voll dabei.
Wir leisten unseren Beitrag ohne Gezeter,
gehen auch noch den letzten Meter,
bis die Arbeit ist vorbei.“

Gizmo flog zu Rosie, drehte eine Runde über ihrem Kopf und schoss zurück zum Harmonium, wo Tante Roses Vogel Gadget zur Musik mitzwitscherte.

„Halli, hallo!“, begrüßte sie Tante Rose, als Rosie zu der Gruppe stieß. „Wir dachten, ein kleines Tänzchen könnte helfen.“

Sie stieß ihren Gehstock im Takt der Musik auf den Bürgersteig.

„Wie läuft es denn?“, fragte sie dann.

„Ich komme grad nicht so richtig weiter“, gab Rosie zu.

„Tanz es dir von der Seele!“, riet Tante Rose. „Zeig uns, was du draufhast!“

Die Musik war mitreißend, und ehe sie sichs

DIE NIETENDEN

versah, wippte Rosies Fuß im Takt der Musik. Im nächsten Moment tanzte sie auch schon los. Sie hatte jede Menge Spaß, und für eine Weile vergaß Rosie alles, was mit der Pumpe zu tun hatte.

Ada und Iggy kamen mit einem Bollerwagen voller Farbdosen zurück. Sie stellten den Wagen ab und tanzten mit. Jedes Kind dachte sich eigene Figuren aus. Es dauerte nicht lang, da tanzten die Rosies den Wolkenkratzer mit Iggy. Ada zeigte ihnen das Molekül. Und Rosie brachte alle dazu, im Kreis herumzuwirbeln wie ein Kreisel.

Rosie hatte noch nie ein Trio wie die McCallister-Schwestern gehört. Den Dudelsack fand sie besonders toll. Heddie blies in das Mundstück, um den Ledersack mit Luft zu füllen. Dann presste sie den Arm gegen den Sack. Jedes Quetschen drückte Luft in die Spielpfeifen. Ihre Finger tanzten über die Grifflöcher, und eine lebendige, jazzige Melodie erklang.

Lettie zog das Akkordeon auseinander, um Luft hineinzuziehen. Dann quetschte sie es zusammen und drückte auf die Tasten, um die Noten zu spielen. Betty trat mit dem Fuß auf das Pedal des Harmoniums, während ihre Hände über die Tasten der Klaviatur flogen. Alle Instrumente pumpten Luft ins Innere und hielten sie dort, bis eine Note gespielt wurde. Wie funktionierte das? Warum entwich die Luft nicht aus dem Instrument, sobald das Pumpen aufhörte? Etwas hielt die Luft davon ab, wieder zurückzuströmen.

Die Fragen wirbelten in Rosies Kopf umher, wie sie selbst zuvor bei ihrem Kreiseltanz herumgewirbelt war. Sie merkte nicht einmal, dass sie aufgehört hatte zu tanzen. Sie dachte nach. Und sie war einer Antwort auf der Spur.

Und dann wusste Rosie Revere ganz plötzlich, was sie brauchte. Ein Ventil!

Die McCallister-Schwestern spielten noch eine Stunde lang, und Ada und Iggy und die anderen tanzten zu der schwungvollen Musik. Niemandem fiel auf, dass Rosie verschwunden war.

Die Musik war bis in den Garten zu hören, wo Rosie wie wild arbeitete. Das leise, rhythmische Schnipp-Schnapp, das von der anderen Seite der Hecke erklang, bemerkte sie gar nicht.

Rosie war viel zu beschäftigt damit, das fertige Farbenfeuerwerk Nummer 3 anzulächeln, um irgendetwas wahrzunehmen.

Wie Ventile funktionieren

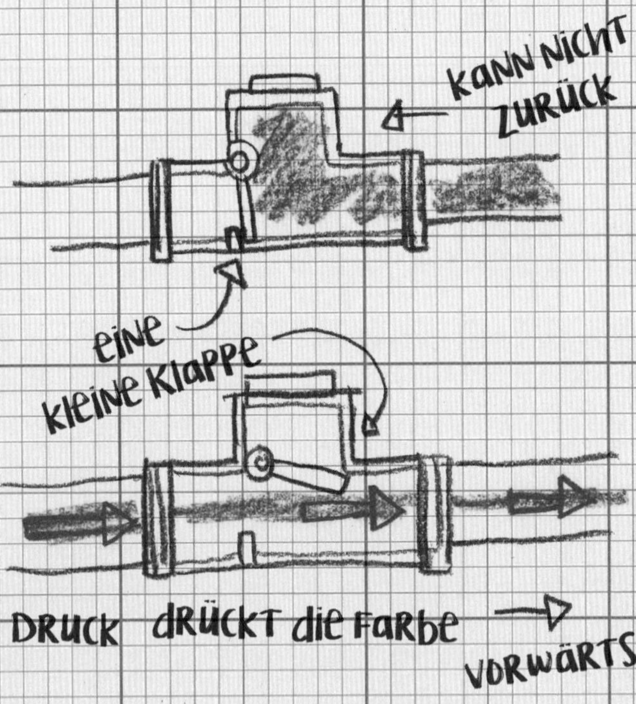

KAPITEL 14

Ada und Iggy kamen um neun Uhr am nächsten Morgen bei Rosie vorbei. Sie beluden den Bollerwagen und verhüllten alles mit einem Bettlaken. Dann gingen sie zur Bücherei von Bad Blaubach.

Ein Dutzend Leinwände waren in einer großen Runde auf dem Parkplatz aufgestellt worden. Rosie entdeckte in einer Ecke Tante Rose, die Chefin, Marian und die McCallister-Schwestern.

„Rosie!", jubelten sie. „Ada! Iggy!"

Genau in diesem Moment traf Bernice mit einer Frau ein, die einen großen Schlapphut trug und deren Handgelenke eingegipst waren. Das musste June sein.

„Okay", sagte Bernice. „Wir sind da." Sie nahm June den Hut ab.

„Überraschung!", riefen die Rosies.

June blickte erschrocken von einer zur anderen.

„Was? Warum ...", stammelte sie. „Was geht hier ..."

„Es ist Zeit für *Kunst in Hülle und Fülle*!", verkündete die Chefin.

June sah sie entgeistert an.

„Aber meine Handgelenke", antwortete sie und hob die Arme.

„Die Rosies wollten Sie überraschen", sagte Rosie. „Also ..."

„Tadaaa!“

Ada und Iggy zogen das Laken vom Bollerwagen. June guckte verblüfft.

„Das hier ist das Farbenfeuerwerk Nummer 9!“, sagte Rosie stolz. „Wir haben ein paar Anläufe gebraucht, aber ich glaube, diesmal haben wir es wirklich geschafft.“

Junes Verblüffung schien nach dieser Erklärung nur noch größer geworden zu sein, aber sie bemühte sich, sie zu verbergen.

„Ich danke dir, Schätzchen“, sagte sie. „So eins habe ich mir schon immer gewünscht.“

„Was ist das?“, flüsterte sie dann Tante Rose zu.

„Oh, du Einfaltspinsel!“, sagte diese. „Die Kinder haben etwas erfunden, damit du mit deinen Armen malen kannst, anstatt mit deinen Händen!“

June stiegen Tränen in die Augen.

„Ich ...“, sagte sie leise, dann versagte ihr die Stimme.

Eine Träne rann ihr die Wange herunter.

„Oh, Rosies“, sagte sie. „Ihr seid einfach die Besten.“

„Und ihr drei!“, sagte sie dann zur Forscherbande. „Ich weiß gar nicht, wie ...“

Sie verstummte schluckend und blinzelte die Tränen weg.

Die Chefin räusperte sich laut.

„Schluss mit dem rührseligen Quatsch!“, sagte sie

9
Farbenfeuerwerk

schnüffelnd. „Ihr wisst, dass ich allergisch auf Rumgeheule reagiere. Es treibt mir die Tränen in die Augen!"

June und die Rosies lachten schallend.

Da ertönte plötzlich ein lautes Pfeifen aus dem Lautsprecher.

„Alle mal herhören!", sagte ein Bibliothekar ins Mikrofon. „Seid ihr bereit für *Kunst in Hülle und Fülle*?"

„Ja! Ja!", jubelte die Menge.

June wischte sich mit dem Ärmel über die Augen und lächelte.

„Ja, das bin ich!", sagte sie.

Sie strahlte Rosie, Ada und Iggy an.

„Und das habe ich euch zu verdanken."

Der Bibliothekar verkündete: „Das Thema des diesjährigen Wettbewerbs lautet: zu Hause!"

Er blies wieder in die Pfeife. Es war Zeit, loszulegen!

Ich ♥ Käse

KAPITEL 15

Rosie baute das Farbenfeuerwerk auf und half June in die Handschuhe.

„Passen sie?“, fragte Rosie.

„Es fühlt sich seltsam an, aber sie passen“, erwiderte June. „Ich bin bereit, loszumalen!“

June stand vor der leeren Leinwand.

„Das ist der spannende Teil“, sagte sie. „Ich liebe das Ideensammeln!“

„Ich auch!“, rief Rosie aus.

June trat auf die Fußpumpe. Rosie, Ada und Iggy sahen nervös zu. Die Rosies von Bad Blaubach hielten gespannt den Atem an.

Pump. Pump. Pump.

Nichts passierte.

Pump. Pump. Pump.

Immer noch nichts.

Pump. Pump.

Rosie rutschte das Herz in die Hose.

Pump.

Plötzlich glitt Farbe durch den Schlauch. Das Farbenfeuerwerk funktionierte!

Die Rosies jubelten und klatschten. June tippte sanft mit der Schuhspitze auf den roten Knopf. Ein Flatschen roter Farbe wurde auf den roten Pinsel gequetscht. June fuhr mit einem gleichmäßigen Pinselstrich über die Leinwand.

Sie drückte den blauen Knopf, und blaue Farbe wurde auf den blauen Pinsel gepresst. Sie tupfte die Farbe auf die Leinwand und begann zu malen. Das Farbenfeuerwerk erfüllte seine Aufgabe ganz wunderbar, und June lächelte.

Doch dann lächelte sie plötzlich nicht mehr.

„Du hast nur dann tatsächlich versagt, wenn du aufgibst."

Tante Rose

KAPITEL 16

„Autsch!“, rief June aus.

„Was ist denn?“, fragte Rosie.

„Mein Arm ist müde“, antwortete June.

Sie hob ihn erneut.

„Au“, sagte sie wieder. „Vielleicht sollte ich lieber eine Pause machen.“ Ein paar Minuten später versuchte sie es erneut.

„Oh nein“, seufzte sie. „Meine Arme sind zu schwach.“ Rosie wurde das Herz schwer.

June schenkte ihr ein liebevolles Lächeln.

„Rosie“, sagte sie. „Ich möchte, dass du das Bild fertig malst.“

Rosie schüttelte den Kopf. Wenn jemand anderes als June das Bild weitermalte, würde diese vom Wettbewerb ausgeschlossen.

„Rosie“, sagte June freundlich. „Ich möchte, dass du es malst. Wirklich.“

Rosie blickte in Junes Gesicht und erkannte, dass sie es ernst meinte.

„Es tut mir leid, dass die Pinselhandschuhe zu schwer sind“, sagte Rosie.

„Das Farbenfeuerwerk ist perfekt“, widersprach June. „Ich werde es benutzen, um meine Küche zu streichen, wenn meine Arme wieder kräftiger sind!“

Sie lachte laut, und Rosie lächelte.

Rosie band ihr Kopftuch fester. Sie nahm den linken Handschuh und ... BUUM!

Der Geistesblitz traf Rosie aus heiterem Himmel. Und was für einer! Sie zog den Handschuh wieder aus und gab ihn Tante Rose.

„Lasst niemanden an die Leinwand!“, rief Rosie. „Ich bin gleich wieder da!“

Und mit diesen Worten rannte Rosie die Straße entlang davon und war im nächsten Moment auch schon verschwunden.

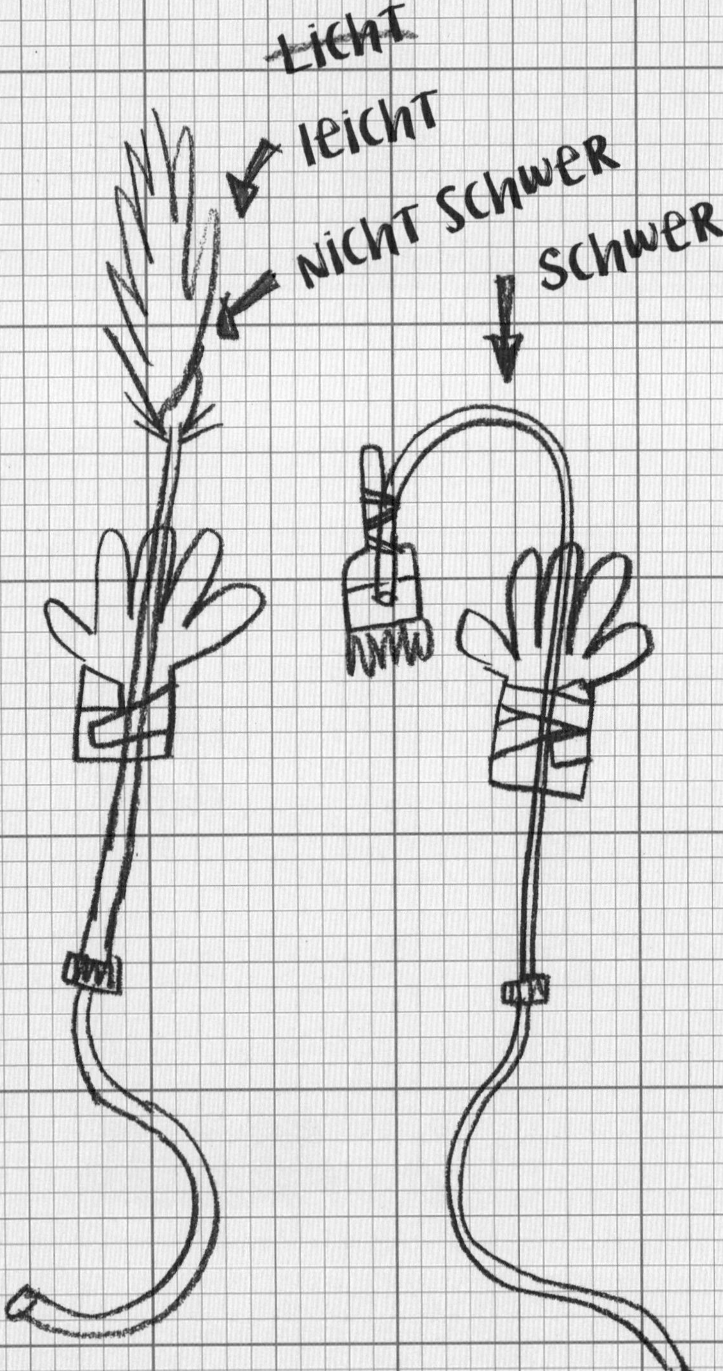
~~Licht~~
leicht
nicht schwer
schwer

KAPITEL 17

Rosie rannte die Milchstraße hinunter, vorbei an der Brunnenallee bis zur Regengasse. Gizmo flog die ganze Zeit direkt hinter ihr. Sie blieb kurz stehen, um wieder zu Atem zu kommen. Dann ging sie zum Haus von Frau Lu.

Rosie stieg die Verandastufen hinauf. Sie atmete noch einmal tief durch. Sie war ein bisschen in Sorge. Sie wusste zwar, wie sie June helfen konnte, aber sie brauchte dafür Frau Lus Hilfe. Was war, wenn Frau Lu Nein sagte?

Rosie wünschte sich, sie wäre wieder bei Ada, Iggy und den Rosies auf dem Platz vor der Bücherei. Sie hätte sich fast zum Gehen gewandt, doch dann dachte sie an June.

Rosie hatte versprochen, ihren Beitrag zur Lösung des Problems zu leisten.

Sie musste jetzt tapfer sein.

„Du schaffst das“, sprach Rosie sich Mut zu.

Gizmo, die auf Rosies Schulter hockte, tschilpte aufmunternd.

„Ich weiß“, erwiderte Rosie. Dann drückte sie auf den Klingelknopf.

Rosie wartete. Niemand kam. Sie klingelte noch einmal. Es kam immer noch niemand.

Sie klopfte laut.

„Hallo?“, rief sie. „Frau Lu?“

Stille.

Rosie wandte sich enttäuscht von der Tür ab.

Plötzlich flog Gizmo vor Rosie her. Sie flatterte wild mit den Flügeln und hielt Rosie davon ab, zu gehen, indem sie vor ihr im Kreis flog.

„Was ist denn los?“, fragte Rosie.

„Tschilp! Tschilp! Tschilp!“

„Lass das, Gizmo!“, befahl Rosie.

„Tschilp! Tschilp!“

Knister.

Rosie hörte ein seltsames Geräusch hinter sich.

Knister.

„Hallo?“, sagte eine schwache, kratzige Stimme.

Sie kam aus einem Kasten in der Verandaecke. Rosie beugte sich zu dem Kasten vor.

„Hallo?“, fragte sie.

Eine lila Metallgans erwiderte ihren Blick glotzäugig.

Knister.

„Bleib, wo du bist!“, befahl die kratzige Stimme.

Sie kam aus der Metallgans. Rosie lehnte sich noch näher.

In dem Moment öffnete sich die Tür, und Frau Lu trat aus dem Haus. Sie hielt ein kurioses Funkgerät in der Hand.

„Entschuldige“, sagte sie. „Mein Gansie-Talkie funktioniert nicht richtig.“

Sie drückte auf einen Knopf am Rücken der Gans.

Sie legte einen Schalter an ihrem Handgerät um. Der Schnabel der Gans klappte auf.

Knister.

„Hallo? Hallo?“ Frau Lu sprach in das Handgerät, und ihre Stimme ertönte aus dem Schnabel der Gans. „So ist es besser!“

Dann warf sie das Handgerät in den Kasten und lächelte.

„Hallo Rosie!“, sagte sie. „Schön, dich zu sehen!“

Rosie war völlig entgeistert. Frau Lu war so freundlich. Rosie dachte daran, wie sie bei ihrem Anblick stets ruckartig die Vorhänge zugezogen hatte und wie sie wie ein Schatten durch den Garten gehuscht war.

Rosie sah ihre Nachbarin an und war nervöser als je zuvor.

„Ich ...“, begann sie. „Ich ...“

„Ja?“, fragte Frau Lu.

Rosie holte noch einmal tief Luft und rief sich in Erinnerung, warum sie hier war.

„Ich brauche Ihre Hilfe“, sagte sie.

Frau Lu lächelte.

„Ich dachte schon, du fragst nie!“

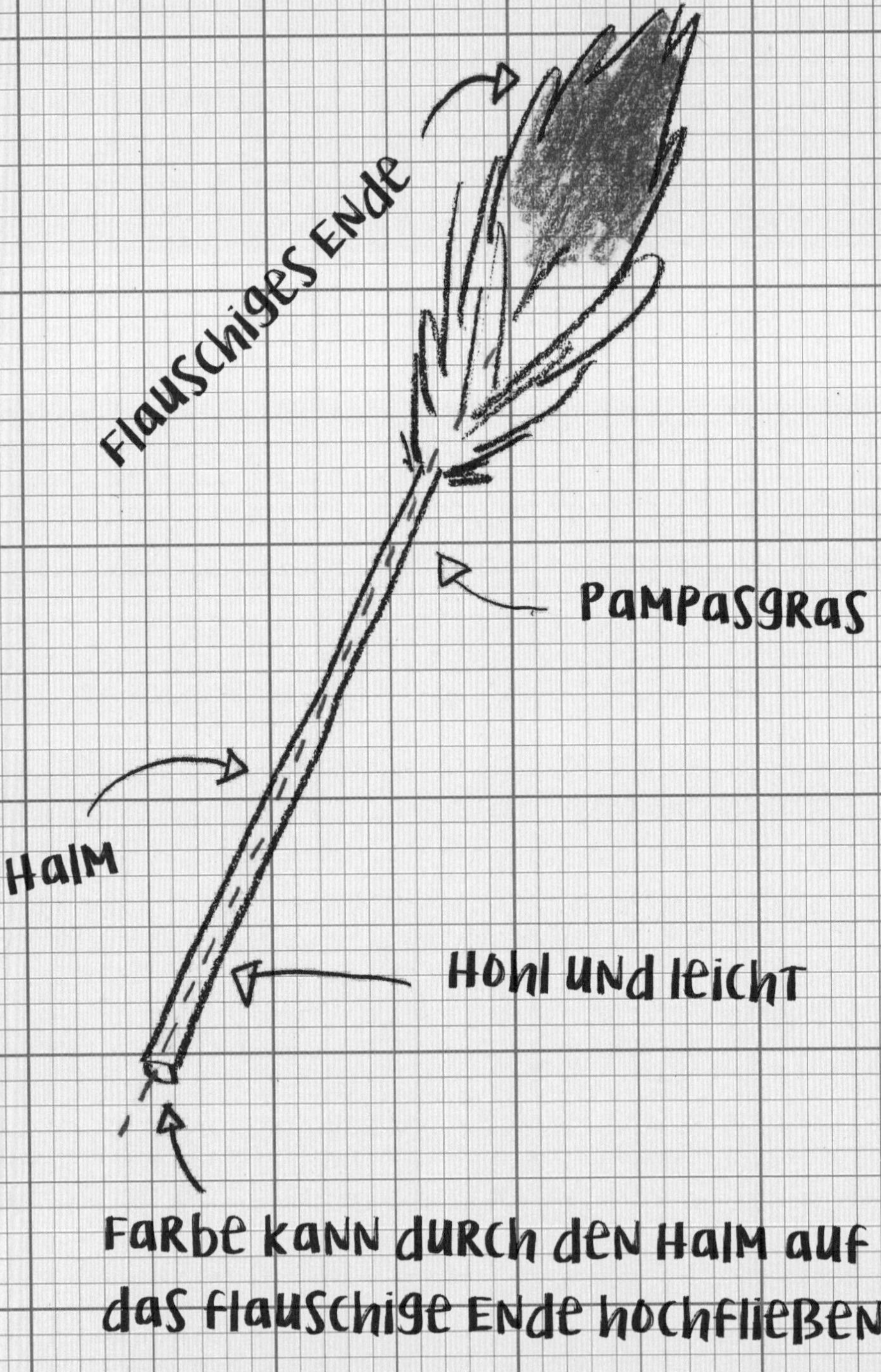

Flauschiges Ende
Pampasgras
Halm
Hohl und leicht
Farbe kann durch den Halm auf das flauschige Ende hochfließen

KAPITEL 18

Huup! Huup!

Der alte Armeejeep schoss um die Ecke und auf die Bücherei zu.

Eine Ladung Pampasgrashalme hüpfte auf dem Rücksitz auf und ab.

Huup! Huup!

Der Jeep kam mit quietschenden Bremsen ein paar Schritte vor Junes Leinwand zum Stehen.

„Seht euch das an!“, rief die Chefin. „Es ist Agnes Lu!“

„Und da ist Rosie!“, rief Ada.

Iggy und sie rannten zum Jeep.

„Rosie!“, sagten sie im Chor. „Was ist hier los?“ Rosie öffnete das Handschuhfach, und Gizmo hüpfte heraus. Sie zwitscherte fröhlich und flog auf den oberen Leinwandrand.

„June braucht leichtere Pinsel“, erklärte Rosie. „Also habe ich Frau Lu gefragt, ob ich einen der Pampasgrashalme von ihr haben könnte. Sie hat sie alle abgeschnitten!“

Frau Lu und Rosie sprangen aus dem Jeep und schnappten sich ein Bündel der fedrigen Pflanzen vom Rücksitz.

„Agnes Lu!“, sagte Tante Rose. „Was hast du mit deinem wunderschönen Garten angestellt?“

„Das spielt keine Rolle“, erwiderte Frau Lu. „Wenn eine Rosie etwas braucht, leiste ich meinen Beitrag. June braucht die hier mehr als ich.“

Sie zog eine Gartenschere aus der Kitteltasche und trimmte einen der Halme.

„Sie sind leichter als die Gardinenstangen“, sagte Frau Lu. „Obgleich ich es auch mit Gardinenstangen versucht hätte. Das war eine gute Idee.“

Rosie sah sie verwirrt an.

„Sie sind auch Erfinderin?“, fragte sie.

Frau Lu lachte.

„Natürlich bin ich das!“, rief sie aus. „Ich bin Ingenieurin, genau wie du. Und wir Ingenieurinnen müssen zusammenhalten. Deshalb habe ich dir den Eimer mit den Schläuchen und Klebebandrollen hingestellt!“

Rosie hatte gedacht, es wären Ada und Iggy gewesen oder Ben und Bernie vom Wertstoffhof. Sie hatte so viele Fragen, aber keine Zeit, sie zu stellen. Tante Rose und die Rosies stürmten auf Agnes Lu zu, um sie fest zu drücken. Sie kannten sie alle!

„Dein armer Garten!“, rief June. „Was hast du dir nur dabei gedacht?“

Frau Lu hob abwehrend die Hand.

„Ich will kein Wort mehr davon hören!“, erklärte sie. „Es ist Zeit zum Malen!“

Frau Lu reichte Rosie einen Pampasgrashalm, und Rosie machte sich ans Werk.

Kurz darauf malte June wieder. Sie fuhr mit den Pinseln hierhin und dorthin. Es war wunderschön anzusehen.

Dann – schnapp! – brach der rote Halm.

„Oh nein!“, rief Rosie.

„Deshalb habe ich so viele mitgebracht!“, sagte Frau Lu.

Wir
Schaffen
das!

Nieten

Dinge mit Nieten

1. Schiffe
2. Flugzeuge
3. Jeeps
4. Jeans

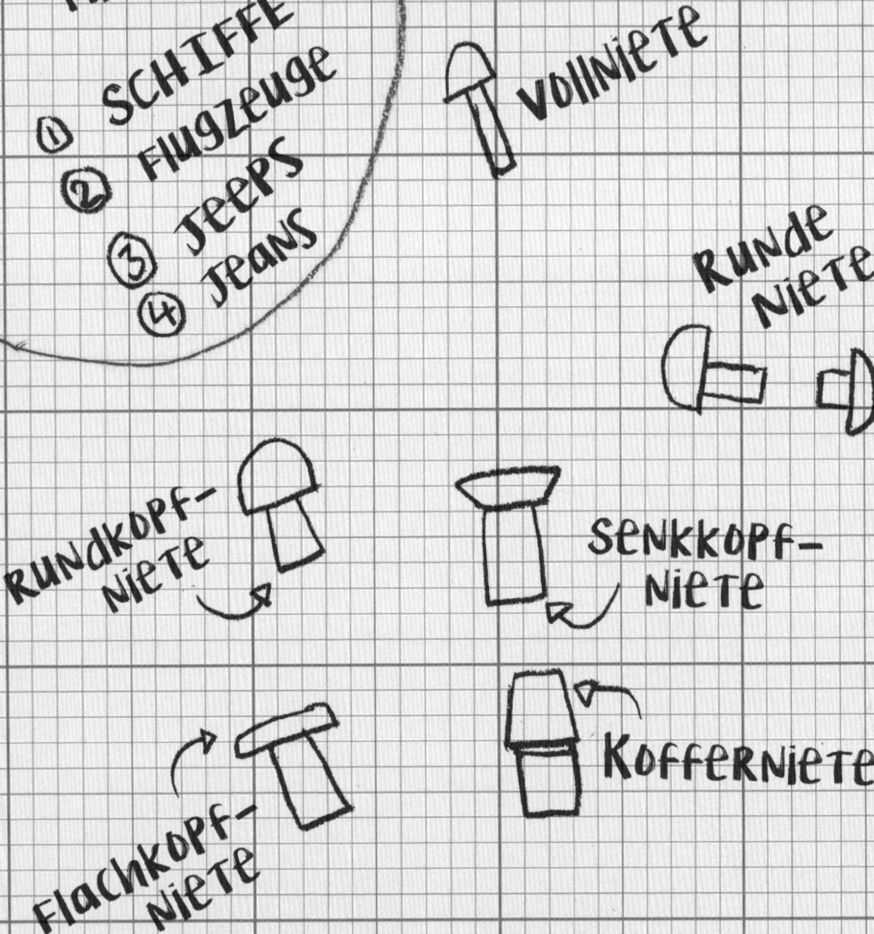

KAPITEL 19

Rosie tauschte den Halm aus, und June malte weiter. Bald darauf zerbrach der blaue Halm, doch Rosie war sofort mit einem Ersatz zur Stelle. Als weitere Halme brachen, tauschte Rosie diese ebenfalls aus.

Unterdessen erfuhren Rosie, Ada und Iggy mehr über die geheimnisvolle Frau Lu. Die Chefin erzählte ihnen, dass Agnes Lu eine Rosie gewesen war, die in der Jeepfabrik gearbeitet hatte, die von der Flugzeugfabrik aus gesehen am anderen Ufer des Flusses gelegen hatte.

„Diesen Jeep hier habe ich selbst gebaut!“, sagte Frau Lu stolz. „Ich habe während des Krieges eine Menge über

Maschinen gelernt. Das weckte in mir den Wunsch, auch welche zu erfinden, also habe ich genau das getan. Und ich habe seitdem nicht mehr damit aufgehört!“

Rosie staunte. Die ganze Zeit über hatte sie Tür an Tür mit einer anderen Erfinderin gelebt und nichts davon geahnt!

Frau Lu schien ihre Gedanken zu lesen.

„Du wusstest es nicht, weil ich das Haus tagsüber nur sehr selten verlasse“, erzählte sie. „Ich habe eine Krankheit, die dafür sorgt, dass meine Haut allergisch auf Sonnenlicht reagiert. Deshalb laufe ich auch in diesem verrückten Aufzug rum. Ich darf keine Sonnenstrahlung abbekommen.“

„Halten Sie deshalb ihre Vorhänge geschlossen?“, fragte Rosie.

„Ja“, sagte Frau Lu. „Aber deine Tante Rose erzählt mir immer, wenn du an einem neuen Projekt arbeitest, und ich tue, was ich kann, um zu helfen. Ich bin froh, dass du dich über die Kisten mit Sachen freust, die ich für dich auf die Veranda stelle.“

„Das waren Sie?“, fragte Rosie verblüfft.

„Natürlich!“, erwiderte Frau Lu. „Hast du gedacht, es wäre die Zahnfee gewesen?“

„Wohl eher die Werkzeugfee!“, sagte Tante Rose. „Oh, der war gut!“

Tante Rose klatschte sich aufs Knie und lachte lauthals. Sie lachte, bis sie um Luft rang und sich ihre Augen mit Tränen füllten. Bald darauf lachte die ganze Truppe. Und niemand lachte lauter als Agnes Lu.

Rosie erkannte, dass sie Frau Lu völlig falsch eingeschätzt hatte. Sie hatte geglaubt, Frau Lu sei gemein und geheimnisvoll und könne sie nicht leiden. Sie hätte Frau Lu eine Chance geben sollen.

Frau Lu lächelte Rosie an.

„Weißt du was, Rosie", sagte sie, „ich könnte deine Hilfe bei einem Apparat gebrauchen, den ich erfunden habe, um Geschirr zu spülen. Er ist einfach umwerfend."

„Das klingt toll", sagte Rosie.

„Nein!", widersprach Frau Lu. „Er wirft einfach mein ganzes Geschirr um! Ich habe bald keine Müslischüsseln mehr!"

Sie lachte wieder, und Rosie stimmte mit ein.

„Ich würde Ihnen total gerne helfen", sagte Rosie.

„Es ist gut, eine Ingenieurin in der Nachbarschaft zu haben", sagte Frau Lu.

Rosie erwiderte ihr Lächeln. Das war es wirklich.

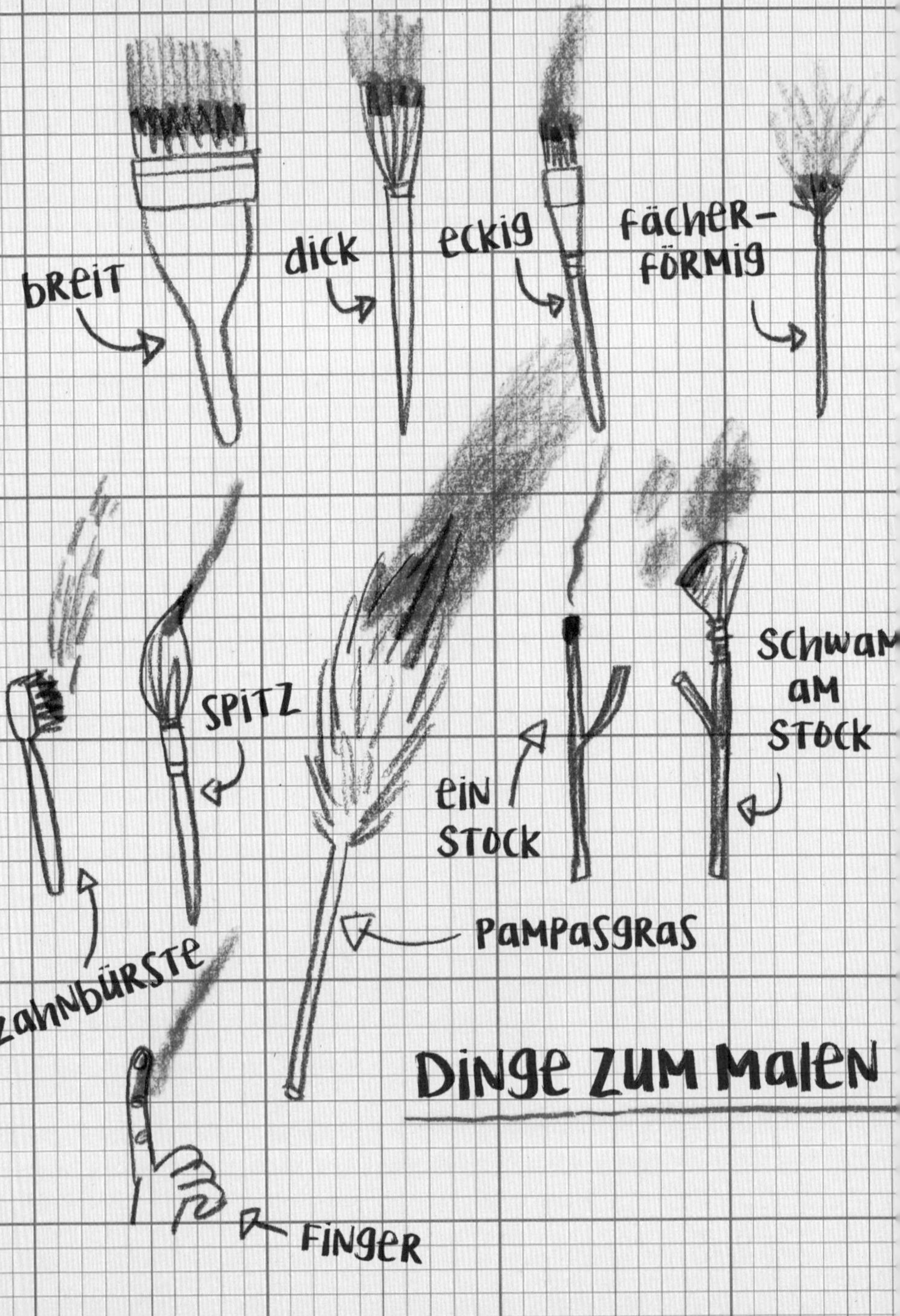

Dinge zum Malen

KAPITEL 20

Der Parkplatz war voller Künstlerinnen und Künstler und ihren Familien. Die McCallister-Schwestern und Marian borgten sich das Mikrofon des Bibliothekars aus und sangen für die Zuschauer, während die Künstlerinnen malten. Es wurde getanzt und gelacht. Alle hatten eine tolle Zeit.

Besonders June.

Lächelnd fuhr sie mit ihren Armen von links nach rechts und von oben nach unten und wieder zurück über die Leinwand. Das Farbenfeuerwerk funktionierte einwandfrei.

Doch plötzlich streckte June die Arme hoch und ...

„Autsch! Autsch!“, rief sie. „Doppelautsch!“

Ihr Gesicht verzog sich vor Schmerzen.

„Was ist los?“, fragte Iggy.

„Ich muss aufhören“, sagte June. „Meine Handgelenke tun weh.“

Rosie half June, die Handschuhe auszuziehen. Sie musterte sie traurig. Das Farbenfeuerwerk hatte funktioniert, aber es hatte June trotzdem nicht geholfen. Das ganze Abenteuer war zum Reinfall geworden.

Rosie guckte unglücklich.

Doch June lächelte schon wieder. Dann begann sie zu kichern. Und im nächsten Moment lachte sie aus voller Kehle.

Rosie sah sie verwundert an.

„Was ist denn so witzig?", fragte sie. „Du bist gezwungen aufzugeben!"

„Wer gibt hier auf?", entgegnete June. „Es mag sein, dass ich nicht mehr malen kann, aber ihr anderen könnt es doch!"

„Aber wenn wir das Bild fertig malen, wirst du den Malwettbewerb nicht gewinnen", gab Rosie zu bedenken.

„Oh, Rosie", sagte June liebevoll. „Begreifst du denn nicht? Ich habe bereits gewonnen. So viel Spaß hatte ich seit Jahren nicht mehr!"

Rosie lächelte. Iggy und Ada jubelten. Die Rosies fielen in den Jubel mit ein.

„Los Leute, lasst uns das Bild gemeinsam fertig malen!", rief June.

Alle schnappten sich Pinsel und Pampasgrashalme

und legten los. Als sie fertig waren, traten sie ein paar Schritte zurück und bewunderten ihr Werk.

„Zu Hause ist dort, wo das Herz ist“, sagte June. „Es ist perfekt geworden.“

Lieblingsventile

1. Kugelventil
2. Drosselventil
3. Fußventil
4. Starterklappe
5. Schieberventil
6. Nadelventil
7. Abblasventil

KAPITEL 21

Plötzlich haute die Chefin mit der Hand auf die Armlehne ihres Rollstuhls, und die Rosies verstummten schlagartig. Die Chefin bedeutete Frau Lu und den Rosies, sich um sie zu scharen.

Rosie, Ada und Iggy blieben neben der Leinwand stehen.

„Was ist denn los?“, raunte Ada.

Rosie hob ratlos die Schultern. „Ich weiß es nicht“, sagte sie. „Aber es scheint etwas Ernstes zu sein.“

Die Rosies rückten eng zusammen. Sie flüsterten miteinander und warfen immer wieder kurze Blicke zurück zu den Kindern.

Schließlich lösten sich die Frauen voneinander und die Chefin kam zur Leinwand gerollt. Die Rosies stellten sich schweigend hinter sie.

Die Chefin sprach mit klarer, fester Stimme.

„Ich spreche für alle von uns, unsere liebe Agnes eingeschlossen“, sagte sie.

Agnes Lu lächelte und legte der Chefin eine Hand auf die Schulter.

„Wir sind die Rosies“, sagte die Chefin. „Wir leisten unseren Beitrag, wenn wir gebraucht werden. Das haben wir stets getan und werden es immer tun. So sind wir eben.“

Die Frauen lächelten stolz.

„Es bedeutet, dass wir füreinander da sind“, fuhr die Chefin fort. „Deswegen sind wir wie eine Familie.“

June trat vor.

„Rosie, Ada und Iggy“, sagte sie, „ihr habt etwas Bedeutendes getan, als ihr das Farbenfeuerwerk gebaut habt. Ihr habt jemandem geholfen, den ihr nicht einmal kanntet. Ihr habt euren Beitrag geleistet.“

„Das habt ihr in der Tat“, bestätigte die Chefin. „Und heute erklären wir euch deshalb zu Ehrenrosies!“

Betty, Lettie und Heddie McCallister traten vor.

„Wir erklären außerdem, dass unser Zuhause ab sofort auch euer Zuhause ist“, sagten sie. „Dazu gehören auch so viel Tanz und Gesang, wie ihr drei schaffen könnt!“

„Wir schaffen eine Menge!“, versicherte Iggy.

„Wowie!“, rief Ada.

„Danke“, sagte Rosie.

„Ein dreifaches Hoch auf Iggy und Ada! Ein dreifaches Hoch auf Rosie Revere! Ein dreifaches Hoch auf die Forscherbande!“

Zuhause = ein Nomen

Ein Ort
der Liebe

KAPITEL 22

An jenem Abend schob Rosie ihre Erfinder-Schätze, also all die Sachen, die sie zum Erfinden brauchen konnte, unter das Bett, so wie sie es jeden Abend machte. Sie kuschelte sich unter die Bettdecke und sah sich in ihrem Zimmer um. Sie liebte das Haus, in dem sie wohnte, aber was es zu einem Zuhause machte, waren Gizmo und ihre Tanten und Onkel, ihre Freunde und ihre Nachbarn. Und jetzt die Rosies. Sie waren alle ihre Familie.

Sie dachte über die Rosies und Frau Lu nach. Sie wohnten in verschiedenen Häusern, aber ihr Zuhause war überall dort, wo sie zusammen waren.

Sie waren unglaublich tolle Frauen, und Rosie war

stolz darauf, sie zu kennen, und noch viel stolzer darauf, eine Ehrenrosie zu sein.

Rosie schrieb eine letzte Notiz in ihr Buch.

Sie wünschte Gizmo gute Nacht. Müde, aber glücklich, glitt Rosie in den Schlaf und träumte die kühnen Träume einer legendären Ingenieurin.

Farbenfeuerwerk 6: Erbärmliches Elend

Farbenfeuerwerk 7: Mordsmäßiges Missgeschick

Farbenfeuerwerk 8: Rekordverdächtiger Reinfall

Farbenfeuerwerk 9: ~~Bekloppter Blindgänger~~

~~Fundamentales Fiasko~~

Ein herrliches Heimspiel!

Spülventil
Herzklappe
Reifen-
ventil

ODE AN DAS VENTIL

Was ist ein Ventil?
Wozu ist es da?

Es ist bloß eine Klappe,
schau doch mal:

Ob Leitung, ob Rohr,
ob Vene, ob Schlauch,

sie lässt Flüssiges durch,
doch verhindert sie auch,

ob im Klo oder Herzen,
den Weg zurück

und in vielem mehr,
oh, welch ein Glück!

Also Buuuh an alle, die sagen,
was ist daran so nett?

Schreit lieber Hurrah!,
spült ihr das Klosett.

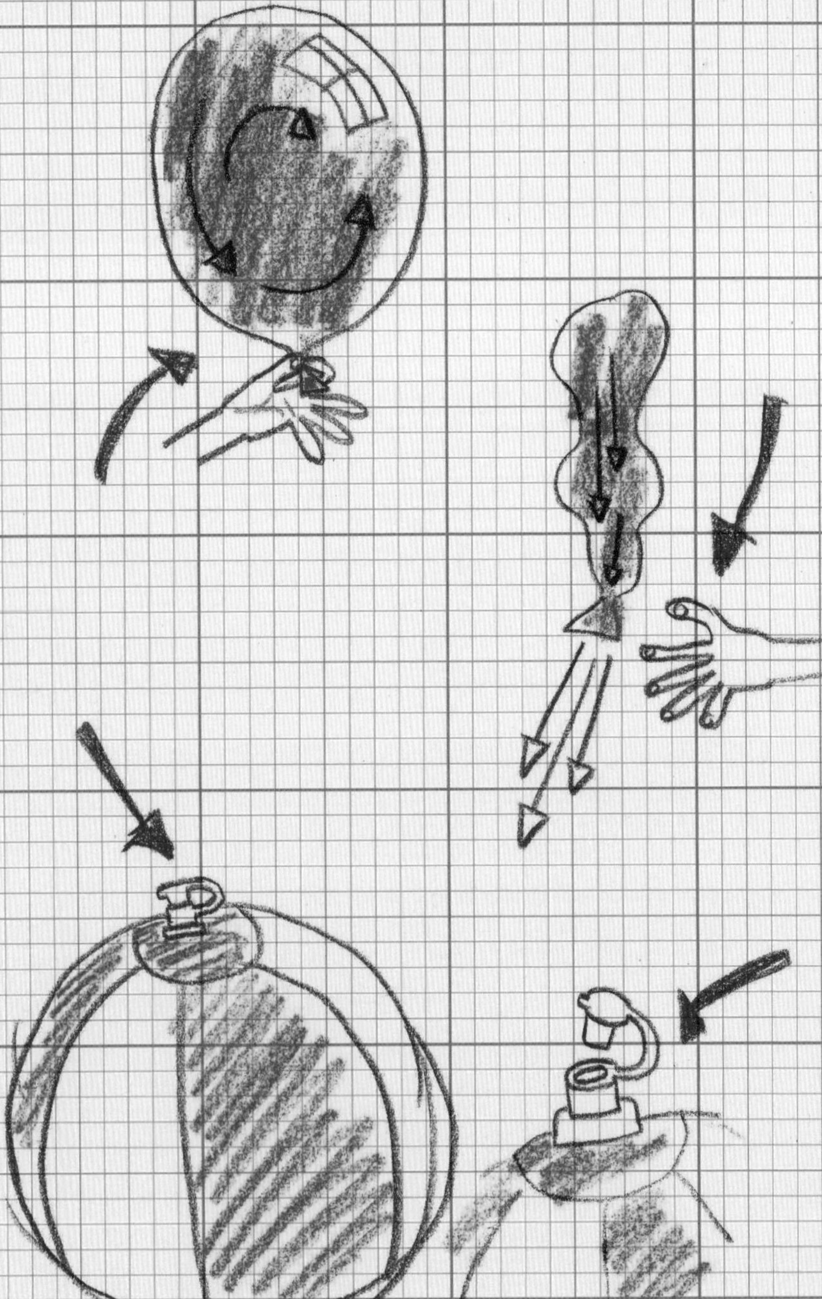

ÜBER VENTILE

Wenn ihr einen Ballon aufblast und ihn dann loslasst, wird die Luft aus dem Ballon herauskommen. Wenn ihr einen Wasserball aufblast und dann loslasst, wird die Luft nicht herauskommen. Warum nicht? Eine kleine Plastikklappe im Wasserballventil versperrt das Loch und hindert die Luft daran, zu entweichen. Bei diesem Mechanismus handelt es sich um ein sehr einfaches Ventil.

Es gibt viele verschiedene Arten von Ventilen, aber sie machen alle das Gleiche: Sie regeln, wie Flüssigkeiten oder Gase durch ein Rohr oder einen Schlauch strömen. Wenn ihr den Wasserhahn aufdreht, öffnet sich ein Ventil und lässt Wasser hindurchfließen. Gasherde oder Gasgrills haben Ventile, die die Zufuhr des Gases zu den Brennern regulieren.

Selbst eure Toilette verfügt über Ventile, die nur so viel Wasser in den Tank lassen, wie hineinpasst, damit ihr die Spülung benutzen könnt, wenn es nötig ist. Das ist wichtig!

Gibt es Ventile an eurem Fahrrad? Dem Auto? Einer Trompete? Wie steht es mit eurem Körper?

Die Antwort lautet: Ja! In eurem Körper gibt es über fünfzig Ventile, die dafür sorgen, dass die Flüssigkeiten in die richtige Richtung fließen! Manche Ventile in eurem Körper sind Ringe aus Muskeln, die sich zusammenziehen. Bei anderen handelt es sich um Klappen aus Gewebe, die das Blut daran hindern, zurück in euer Herz zu fließen. Seid froh, dass ihr diese Klappen habt!

ÜBER DIE ROSIES

Während des Zweiten Weltkriegs arbeiteten in den Vereinigten Staaten von Amerika, in Großbritannien, Australien, Kanada, Neuseeland und anderen verbündeten Staaten Millionen von Frauen daran, die Nahrung und die Ausrüstung herzustellen, die für den Krieg benötigt wurden. Manche arbeiteten auf Bauernhöfen. Andere waren in Firmen und Fabriken beschäftigt. In den Vereinigten Staaten wurden diese Fabrikarbeiterinnen von Rosie the Riveter (Rosie, der Nieterin) verkörpert, einer Frau mit rot gepunktetem Kopftuch, die auf einem Plakat mit dem Spruch: *Wir schaffen das!* abgebildet war.

Die Rosies benutzten Metallstangen, um Metallbleche mithilfe von Nieten miteinander zu verbinden. Die Rosies und andere Arbeiter bauten Schiffe, Flugzeuge, Panzer und Jeeps. Sie stellten außerdem Waffen und Munition her. Amerikanische Fabriken waren rund um die Uhr geöffnet, und die Arbeiterinnen und Arbeiter stellten im Laufe des Zweiten Weltkriegs über dreihunderttausend Flugzeuge, sechsundachtzigtausend Panzer und zwei Millionen Lastwagen her!

Die Frauen begannen in der Rüstungsindustrie zu arbeiten, nachdem viele Männer das Land verlassen hatten, um in Europa, Afrika und Asien zu kämpfen. Die Arbeit wurde gut bezahlt. Achtzehn Millionen Frauen arbeiteten in kriegsnahen Bereichen. Die meisten dieser Frauen waren arm und hatten vor dem Krieg schlecht bezahlte Jobs gehabt. Über sechs Millionen dieser Frauen waren Hausfrauen gewesen, die vorher noch nie außerhalb des eigenen Haushaltes gearbeitet hatten. Dass so viele Frauen in der Industrie arbeiteten, war für Amerika eine große Veränderung.

Die Arbeit in den Fabriken war schwierig und gefährlich. Die Frauen wurden schlechter bezahlt als die Männer, die zuvor denselben Job gemacht hatten. Schwarze Frauen verdienten noch weniger als *weiße*.[1] Oft wurden sie bei

1 Schwarz und *weiß* bezeichnen nicht die Hautfarbe eines Menschen. Als Schwarz (großgeschrieben) bezeichnen sich Menschen, die Erfahrungen mit Rassismus gemacht haben. Das heißt, sie wurden aufgrund ihrer Hautfarbe ausgegrenzt und schlechter behandelt als andere. *Weiß* (kursiv geschrieben) bezeichnet Menschen, die keine Erfahrungen mit Rassismus gemacht haben.

der Arbeit diskriminiert, also wegen ihrer Hautfarbe schlechter behandelt, und bekamen gefährlichere Aufgaben zugeteilt.

Die harte Arbeit der Rosies half den Alliierten (den USA und ihren Verbündeten), den Zweiten Weltkrieg gegen Deutschland zu gewinnen. Als der Krieg zu Ende war, schlossen viele Fabriken. Andere gaben die Jobs der Frauen wieder den Männern, die aus dem Krieg nach Hause zurückgekehrt waren. Doch trotzdem wusste ganz US-Amerika jetzt, dass Frauen alle möglichen Arten von Berufen ausüben konnten. Das war vorher nicht selbstverständlich.

Rosie the Riveter und die Rosies aus dem wahren Leben machten während des Krieges einen entscheidenden Unterschied und verliehen der Bürgerrechtsbewegung und dem fortwährenden Kampf für die Gleichberechtigung der Frau neue Impulse.

Ururgroßtante Rose
Baute vor langer Zeit Flugzeuge!
Bernice
Reiste um die ganze Welt!
Die Chefin
Wurde in einem anderen Land geboren!

DENKT MAL DARÜBER NACH

Denkt an all die Dinge, die ihr in eurem Leben schon gemacht habt. Jetzt stellt euch vor, was ihr alles gemacht haben werdet, wenn ihr erst einmal so alt seid wie Ururgroßtante Rose, Bernice oder die Chefin! Ihr werdet so viele spannende Geschichten zu erzählen haben.

Denkt an all die alten Leute in eurem Leben und in eurer Stadt. Nehmt euch die Zeit, euch nach ihren Geschichten zu erkundigen. Wer weiß, was sie euch Spannendes zu erzählen haben!

Andrea liebt
Käse
AB/DR + A = RRRR
David liebt
Hüte und Katzen
(und Kuchen)

ÜBER DIE AUTORIN

Andrea Beaty ist die Autorin von der *Forscherbande*. Sie hat einen Abschluss in Biologie und Informatik und hat viele Jahre in der Computerindustrie gearbeitet. Inzwischen schreibt sie Kinderbücher in ihrem Zuhause am Rand von Chicago.

ÜBER DEN ILLUSTRATOR

David Roberts hat viele Bücher illustriert, darunter auch *Die Forscherbande*. Er lebt in London, wo er Hüte macht, wenn er nicht gerade zeichnet.